农产品质量安全与农业品牌化建设

邵玉丽　刘玉惠　胡　波　主编

中国农业科学技术出版社

图书在版编目（CIP）数据

农产品质量安全与农业品牌化建设／邵玉丽，刘玉惠，胡波主编 . —北京：中国农业科学技术出版社，2020.4（2022.8重印）

ISBN 978-7-5116-4646-0

Ⅰ.①农… Ⅱ.①邵…②刘…③胡… Ⅲ.①农产品–质量管理–安全管理–研究②农产品–品牌战略–研究 Ⅳ.①F307.5②F304.3

中国版本图书馆 CIP 数据核字（2020）第 041652 号

责任编辑 白姗姗
责任校对 李向荣

出 版 者	中国农业科学技术出版社
	北京市中关村南大街 12 号　邮编：100081
电　　话	（010）82106638（编辑室）　（010）82109702（发行部）
	（010）82109709（读者服务部）
传　　真	（010）82106650
网　　址	http://www.castp.cn
经 销 者	各地新华书店
印 刷 者	北京建宏印刷有限公司
开　　本	850 mm×1 168 mm　1/32
印　　张	6
字　　数	162 千字
版　　次	2020 年 4 月第 1 版　2022 年 8 月第 3 次印刷
定　　价	39.80 元

◆版权所有·翻印必究◆

《农产品质量安全与农业品牌化建设》编委会

主　编：邵玉丽　刘玉惠　胡　波

副主编：
马俊利　左　利　李守仁　卢　迪　孙清华
范斯斯　唐　双　宋长庚　陈艳玲　韩　娟
白生贵　孙　青　乔存金　杨盈欢　赵业盛
何敬银　闫秀娟　王珊珊　赵　兵　范艳菊
余新春　刘华东　刘虹君　余新海　张艳丽
李红梅　许　稳　邱祖杨　褚冰倩　刘昭刚
刘莉莉　谢岚芳　周运贵　班　昕　尤章锋
李爱红　朱苏娜　贾立博　杨中伟　李伟霞
孙秀红　王新红　李明远　叶泽鑫　王骄阳
朱星晔　陈进亮　王　婷　秦　云　何　楠
吕　蕊　孟　繁　赵　伟　朱　彬　王　蕾
王　峰　张贵玲　徐勤上　赵　力　李军家

编　委：
刘纪高　刘晓菲　王纯纯　邢爱秀　窦仲良
唐广顺　孔凡伟　侯忠武　李　为　朱　红
高子燕　马红莉　王连根　陈明霞　沈启明
黄建程　薛建海　蒋丽榕　杨砚清　周先瑶
谈　芬　陈维深　曾　媛

前 言

农产品品牌化是农业现代化的重要标志,是建设农业强省的重要抓手。加强农产品品牌建设,有利于促进传统农业向现代农业转变,有利于提高农产品质量安全水平和市场竞争力,有利于实现农业增效和农民增收。

农产品质量安全是社会普遍关心的重要问题,本书内容包括农产品质量安全风险评估、农产品质量安全检验检测、农业标准化、农产品质量安全可追溯管理、农产品质量安全"三品一标"、农产品质量安全生产技术、农产品品牌化建设等。

编 者
2019 年 12 月

目 录

第一章 农产品质量安全风险评估 (1)
- 第一节 风险评估的概念及作用 (1)
- 第二节 农产品质量安全风险评估类型 (3)
- 第三节 农产品质量安全风险评估步骤 (6)
- 第四节 农产品质量安全风险评估的发展策略 (9)

第二章 农产品质量安全检验检测 (13)
- 第一节 农产品质量安全风险监测 (13)
- 第二节 农产品质量安全检测机构 (15)
- 第三节 农产品质量安全监督抽查 (20)
- 第四节 农产品质量安全执法 (25)

第三章 农业标准化 (38)
- 第一节 农业标准化的概念及发展状况 (38)
- 第二节 农产品质量安全标准体系的构成 (41)
- 第三节 农产品质量安全标准管理体制 (41)
- 第四节 农业标准化工作的方法 (44)
- 第五节 典型农业标准化建设的实施 (46)

第四章 农产品质量安全可追溯管理 (52)
- 第一节 农产品质量安全可追溯体系建设 (52)
- 第二节 农产品质量监察管理方式 (53)
- 第三节 全面推进农产品质量安全可追溯管理 (55)
- 第四节 农产品质量可追溯制度 (55)
- 第五节 农产品质量追溯系统解决方案 (57)

第五章　农产品质量安全"三品一标" …………………… (61)

　第一节　无公害农产品认证 …………………………… (61)

　第二节　绿色食品认证 ………………………………… (66)

　第三节　有机食品认证 ………………………………… (72)

　第四节　农产品地理标志登记 ………………………… (78)

　第五节　"三品一标"的实现路径 …………………… (82)

第六章　农产品质量安全生产技术 ……………………… (84)

　第一节　绿色食品生产技术 …………………………… (84)

　第二节　无公害农产品生产技术 ……………………… (94)

　第三节　有机食品生产技术 …………………………… (121)

　第四节　农产品加工与贮藏 …………………………… (127)

　第五节　农产品包装与运输 …………………………… (129)

第七章　农产品品牌化建设 ……………………………… (134)

　第一节　农产品品牌价值及其评估 …………………… (134)

　第二节　农产品品牌建设流程 ………………………… (138)

　第三节　区域品牌崛起 ………………………………… (154)

　第四节　农业品牌策略 ………………………………… (157)

　第五节　品牌定位 ……………………………………… (163)

　第六节　品牌形象 ……………………………………… (164)

　第七节　品牌推广 ……………………………………… (167)

　第八节　品牌管理 ……………………………………… (173)

　第九节　提升农产品品牌意识及知名度 ……………… (175)

主要参考文献 …………………………………………… (180)

第一章 农产品质量安全风险评估

第一节 风险评估的概念及作用

一、风险评估的概念

农产品质量安全风险评估是制定食品安全国家标准的重要依据,也是突破农产品技术性贸易措施的重要手段,对科学指导农产品质量安全管理、促进农业产业健康发展具有十分重要的意义。

二、农产品质量安全风险评估的作用

农产品质量安全风险评估是通过探测农产品质量安全方面的未知危害因子种类,评价已知危害因子的危害程度,探究各种危害因子在动植物体内的转化代谢规律,为农产品质量安全监管重点的锁定、各种有关农产品质量安全问题的答疑解惑、突发问题的应急处置以及科学监管等提供可靠数据和技术依据。

(一)有利于为公众答疑解惑

随着微博、微信、论坛等互联网自媒体、新媒体的蓬勃发展,信息失真、网络谣言等问题日益突出。农产品质量安全问题与民生密切相关,网络谣言借助大胆的用词、雷人的标题获得广泛传播,严重影响了消费者的正确判断,也给农产品生产企业带来了巨大损失。通过农产品质量安全风险评估工作,进

一步加强了农产品质量安全风险评估科普宣传，主动答疑解惑，进而营造政府、企业、消费者、科研教学人员等所有农产品质量安全利益相关者都了解、认识、接受和支持风险评估工作的氛围。对不规范、不可靠、不科学的农产品食品方面的说法，农业农村部组织专家进行科普解读和客观评价，消除公众的消费疑虑和担忧，严防谣言对公众消费心理构成冲击和伤害，严防谣言对产业发展和产品供给产生负面影响和恶意的打压。

（二）有利于风险点识别

农业农村部已建立起以国家农产品质量安全风险评估机构（农业农村部农产品质量安全中心）为龙头，农产品质量安全风险评估实验室为主体，农产品质量安全风险评估实验站为基础的风险评估体系，通过制订风险评估计划，分年度、按计划、有重点地对农产品质量安全风险隐患实施专项评估、应急评估、验证评估和跟踪评估，全面摸清和掌握各类农产品、各个环节存在的风险隐患的种类、范围和危害程度，提出全程监管的关键控制点，为农产品质量安全标准的制（修）订、执法监管、生产指导、消费引导、应急处置、舆情应对和科学研究提供强有力的数据支撑。另外，通过在农产品生产基地、生产企业、农民专业合作社和种养大户，布局设置一些定位动态观测点，从农产品生产全过程、全流程、全环节掌握农产品质量安全的变化情况，做到有的放矢，提前预警，重点监管。

（三）有利于执法监管

通过农产品质量安全风险评估暴露的重大风险隐患和突出问题，高毒农药、"瘦肉精"、水产品违禁物质等违法违规行为，农业部门开展农产品质量安全专项整治。先后对50种高毒高风险农药、47种兽药以及多种饲料添加剂实施了禁限令，对"瘦肉精"实施了9个部门联合整治。建立了与农产品质量安全执

法监管相配套的例行监测、行业普查、监督抽查和专项监测制度,实施了农药、兽药、饲料和饲料添加剂、水产品药物残留监控计划。为执法监管和标准化生产,提供科学的指导方向。

(四) 有利于应急处置

对于不同性质的农产品质量安全突发事件,我国以分类处置、科学应对的模式,在第一时间积极开展情况调查、应急监测和专项风险评估,及时采取有效措施,控制事态的蔓延和扩散。随着农产品质量安全风险评估工作的开展,对于农产品质量安全的整体把握更加清晰,因此能够针对媒体曝光的质量安全不实信息等,职能部门根据风险评估报告积极采取应对措施,并组织行业内专家进行正面回应,正确引导社会舆论,能够在一定程度上控制事件的继续发酵和扩展,更加有效预防、积极应对农产品质量安全事故,提高应急处置工作效率。

第二节 农产品质量安全风险评估类型

因农产品质量安全风险评估的对象、需求、时段等不同,其类型划分也不同,无论是国际还是国内,都没有明确统一的标准和界定。我国农产品质量安全风险评估,按照评估的农兽药残留、重金属、生物毒素、病原微生物、外源添加物(包括防腐剂、保鲜剂和添加剂)、客观存在尚不知道的其他危害因子六大危害因子,从识别、甄别、鉴定、评定和农产品质量安全营养功能及动植物、微生物产品中活性物质评价的特点划分,可总体划分为"四大评估、一大评价"。

一、专项评估

专项评估是贯通农产品种植养殖和收储运全程的危害因子识别与关键控制点的探测,目的是明确生产全程的危害因子及

· 3 ·

关键控制点与关键控制技术，为农产品质量安全全程监管、标准化生产、种养指导、技术培训、休药期（间隔期）设定、质量认证、最佳收获期、产地准出、质量追溯等管控提供科学依据，为制定相应产品全程管控 HACCP、GAP、GMP 等技术规范提供技术准则。如粮油作物产品、蔬菜、果品、柑橘、茶叶、食用菌、生鲜乳、畜禽产品、水产品、蜂蜜等特色农产品和农产品收储运等产品与环节的评估，即属于专项评估，评估工作贯通全产品、全过程、全要素。

二、应急评估

应急评估主要是面对各种农产品质量安全突发事件与问题处置，重中之重是为各种突发事件与问题的定性评价、定量评定、规范处置和后续完善及防范类似问题再次发生提供科学依据和决策参考。如对突发的媒体曝光的苹果套袋危害评估、"毒生姜""速生鸡""激素奶""染色橙""爆炸西瓜""石墨大米""染色莲藕"等实施的评估，均属于应急评估范畴。

三、验证评估

主要是针对农产品质量安全各种质疑、猜测、说法、争议、标榜和所谓的"潜规则"澄清及现有技术标准适应性所实施的评估，统称为验证评估，目的是探明事物本质、还原事实真相、符合客观实际，为公众消费、执法监管、生产指导、标准制修订等农产品质量安全工作提供科学依据。如对社会上谣传的"顶花带刺黄瓜激素超标""牛奶解抗剂乱用""蔬菜水果都用防腐保鲜剂""污水养鱼不能吃""垃圾种菜有毒"以及各种号称"富硒""富锌""多维""低芥酸、低硫甙"等说法实施的评估和对农兽药残留限量等技术标准实施的再评价，均属于验证评估范围。

四、跟踪评估

跟踪评估主要是对一些长期存在、久治不绝但又必须予以关注和管控的重大风险隐患和重要危害因子，实施年复一年、持续不断的评估，重在掌握其消长变化、转移迁徙和动态发展规律，为精准执法监管、分类指导生产、区别引导消费等提供科学依据。如对重金属污染、"瘦肉精"污染、禁限用农药污染、硝基呋喃和氯霉素污染、持久性有机污染物等所开展的持续不断的评估，均属于典型的跟踪评估。

五、一大评价

即农产品质量安全营养功能评价，包括对动植物及微生物产品特质性成分和活性物质的评定。农产品是人类赖以生存和发展的物质基础，也是最主要的能量物质、营养物质和生命活力保持的活性物质来源。过去我们很长一段时间对农产品关心的是吃饱问题即能量保障问题，吃饱之后大家最主要关心的多是有毒有害问题，即农产品安全和食品安全问题。但实际上，我们消费农产品，除了吃饱、严防危害以外，其实质更多的是追求农产品的优质、营养、健康目标，通过优质营养农产品的摄入，及时、均衡、足量补充保持人体生命活力必需的营养物质和生物活性成分，实现因需膳食和科学膳食，吃得好、吃得营养、吃得健康，充满生机和活力，并以此实现以消费需求指导农产品生产、因消费膳食结构调整农产品生产品种结构、生产档期和科学合理采收屠宰捕捞期，达到收获的农产品质量优、品质好、营养全的目的，确保公众消费营养最佳。实现最佳收获屠宰捕捞之后，保持产能最大化、储运损失最小化、货架期最长化。要实现公众因需膳食和科学膳食。除了卫生部门的人体膳食结构和营养健康需求调查外，农业部门作为我国公众

90%食物的生产指导部门和农产品质量安全监管部门,当务之急的是要通过农业行业科研专项、农业科技基础性项目和农产品质量安全风险评估专项等国家和地方重大财政专项的启动实施,尽快摸清各类农产品特别是特色农产品的主要营养成分和特有的、人体必需的活性物质,抓紧建立国家农产品质量安全营养功能与活性物质数据库,全面开展独具特色的农产品质量安全营养功能与活性物质的探测甄别、品质评价与功能鉴定,着力构建特色农产品质量安全营养功能评价与鉴定学科体系和技术团队。通过持续不断的评价鉴定和数据库的建立,为我国公众因需膳食和科学膳食提供消费指南,为农产品按消费营养结构调整农产品生产、按消费营养需求科学收获储运提供科学依据。

第三节 农产品质量安全风险评估步骤

农产品质量安全风险评估大体包括5个基本环节。

一、现场调查

这是风险评估特别是农产品质量安全风险评估最基础的工作,任何一个产品和危害因子的评估,都必须基于产地环境、生产过程和收储运环节的实际情况,进行全面的、全过程的调查,探寻和查找可能影响或构成农产品质量安全的风险隐患种类、污染路径、污染方式、存在形式,从产地环境、农业投入品、动植物生长代谢、病虫害发生、生产管理、过程防控、收储运设施设备、防腐保鲜剂使用等方面进行摸底排查,做到心中有数,从中发现问题和锁定风险隐患,采取下一步取样验证措施。

第一章 农产品质量安全风险评估

二、取样验证

对在调查过程中发现的风险隐患和可疑环节,实施取样。样品可以是成熟的农产品,也可以是正在生长的农产品,还可以是与之相关的产地环境样品、农业投入品样品或病虫害样本。特别是农产品样品,由于人们消费习惯的不同,很多消费的产品都是生长期的产品,按正常生物学来看并没成熟,但人们都有可能消费,自然就存在风险,需要评估。评估农产品中的危害物质、代谢规律和营养功能,需要根据公众的消费习惯,采取从极小幼体到成熟全过程不同生长阶段的产品。取样的种类、范围、数量、频次、样品的制备、储运等,应根据风险评估工作的需要和风险评估工作的实施方案确定。取样工作必须确保针对性和代表性,并保持样品的原始性和编码识别的唯一性。按照现场调查发现的问题和可能存在的风险隐患,结合抽取的样品情况,需采取科学的方法和对应的仪器设备,对采取样品的未知危害因子的种类、品种、形态等进行验证识别和量值大小确认,对已知的危害因子的种类、来源途径、代谢规律、存在形态进行追踪和量值确认。值得注意的是,验证确认的科学方法和仪器设备,可以是国家标准、行业标准等法定方法和仪器设备,也可以是最先进、最有效、最简便、最实用的非标方法和仪器设备,但对需要验证确认的危害因子的识别和量值确定的风险评估而言,必须是最科学的方法,确保由此得出的评估数据在现有的技术条件下是最可靠、最有效的。

三、分析研判

样品验证确认数据出来后,要认真对照现场调查过程中发现的问题和风险隐患,实施一对一的追踪分析和个案研判,仔细分析各验证确认数据是否是现场调查中发现问题和可能存在

风险隐患的真实反映,同时对各危害因子和相对应的验证确认数据进行系统分析、数据处理、风险分级和危害研判,从中得出问题隐患的真实状况、发展发生变化规律及防控措施初步建议。

四、综合会商

对每一个产品、因子、环节的风险隐患和危害因子验证确认数据进行分析研判后,得出问题隐患的初步结果和结论,在此基础上,原则上应当依托各风险评估实验室的技术委员会对风险评估初步结果和结论进行综合会商,对先期验证确认数据和分析研判初步结论进行专家会诊,从科学性、准确性和代表性对验证数据和分析研判结果进行集体审议,得出最终准确的评估数据和评估结论。

五、报告编制

在综合会商审议通过的评估数据和评估结论的基础上,结合前期的现场调查和取样验证,对整个评估进行总结和统计分析,形成与评估任务委托、部署和实施方案相对应、相一致的风险评估结果。评估结果应当对评估的产品、危害因子或环节存在的危害因子的种类、品种、形态、范围、危害程度、危害途径、代谢变化规律和消除及控制措施给出明确的导向和决策建议。同时,还需在风险评估结果的基础上,广泛收集评估产品、危害因子或环节的前几年例行监测、监督抽查、专项整治、举报投诉、舆情处置、中毒事件、标准制(修)订、生产缺陷、消费抱怨、进出口贸易技术措施等信息,提出相应产品或危害因子全面的风险评估报告。风险评估报告除当次风险评估结果外,应当基于评估数据、评估结果和相关信息,对相关产品、危害因子或环节的质量安全监管重点、标准制(修)订、生产

指导、消费引导、应急处置、科学研究和进出口贸易技术措施的构建，提出可行的意见和建议，这也是风险评估为风险管理、风险交流提供科学依据的国际通行原则与成功做法。

第四节　农产品质量安全风险评估的发展策略

风险评估是一项政策性、技术性和保密性极强的科学研究性质的农产品质量安全监管工作，除了政府的重视、法制的约束、各相关单位及专家的热心支持和推动外，就风险评估实验室而言有以下几个最基本的条件保障不可或缺且十分重要。

一、强化仪器条件保障

风险评估，人是决定性的因素，仪器设备是最基础性的保障。仪器设备既包括实验室内的验证确认仪器设备，也包括现场调查、取样分析、数据统计的设备和装置，还包括做验证实验、确认实验、模拟实验、跟踪实验、在线（再现）实验和营养功能评价的生产性实验基地、实验场所。按照风险评估实验室管理规定，风险评估实验室仪器设备应当满足所承担的风险评估和风险监测需要，虽然不要求计量认证，但用于风险评估、风险监测的仪器设备必须进行计量检定或者校准。风险评估的实验环境条件应当满足所承担的风险评估和风险监测的需要，并符合相关法律法规和技术规范要求。同时，风险评估实验室应当加强科学研究和学术交流，建立实验室管理信息系统，实现仪器设备和信息数据共享。风险评估实验室的仪器设备不能仅仅满足于常规的符合标准的分析验证，更多的要从危害因子的探测、识别、甄别、鉴定和营养功能的评价需要配置与风险评估、风险监测任务相一致的仪器设备精度、量程和台套数，并有符合保证评估数据准确性和稳定性的实验环境条件。

二、推进学科建设

风险评估实验室应当按照授权认可和考核认定的评估范围,科学设置和构建学科团队。每个风险评估实验室应当有3~5个优势学科领域,每个学科领域至少有1位业界知名科学家、2~3位突出贡献专家和3~5位或更多的专业技术人才。各风险评估实验室除风险评估重大专项外,应当争取主持2~3个国家级的农业行业科研专项、科技支撑项目、农业科技基础性工作、"948"重大项目或其他相关科技、科研项目。同时,各风险评估实验室还应当争取作为课题主持单位或专题专家参加或参与3~5项其他单位牵头主持的国家级的行业科研、支撑项目、科技基础性工作、"948"等项目下的课题。风险评估实验室应当制定和抓紧实施本实验室的《人才培养建设规划》和《横向科技科研合作规划》,采取切实有效的激励措施,加强学科团队建设、人才培养和横向科技科研合作,快速提升各风险评估实验室的科研能力和风险评估科学水平。风险评估实验室应将现有人才培训、高端人才引进、科学研究、学术交流、科普宣传、突发问题应对、生产指导、消费引导、标准制修订、国际合作等风险评估后续跟进工作,放在更加突出的位置,以充分利用和展现所承担、主持的农产品质量安全风险评估、风险监测、科学研究的技术成果和学术价值。

三、加强人才队伍建设

风险评估是责任重大的国家重大研究性项目,将年复一年地持续坚持和稳步推进,人才是第一要素。按照农业农村部农产品质量安全风险评估实验室管理规定,风险评估实验室必须要有明确的研究目标,有影响力的农产品质量安全学科带头人,研究团队力量强,学科结构合理,有与所承担风险评估任务相

第一章 农产品质量安全风险评估

适应的在职在编专业技术人员队伍，正高级专业技术职称人员不得少于3人，副高级专业技术职称人员不得少于6人。风险评估实验室主任应当由具有一定行政职务、具备统筹农产品质量安全风险评估所需资源和条件的正高级专业技术职称人员担任，风险评估实验室应当设立技术负责人，配备2~3位副主任协助主任工作。风险评估实验室必须组建技术委员会，负责风险评估实验室风险评估结果、风险评估报告及重大问题的审议和决策。技术委员会应当由风险评估、标准、检测、认证、科研、监管等领域的专业人员组成，总人数不得少于9人，其中技术委员会主任委员必须由风险评估实验室依托单位主要负责人担任。风险评估实验室主任（含副主任）和技术负责人的任免应当由依托单位以正式文件形式报农业农村部农产品质量安全监管司审查核准，风险评估实验室技术委员会组建方案，应当由依托单位报农业农村部农产品质量安全监管司备案认可。

四、完善制度规范

按照风险评估实验室管理规定，农业农村部对风险评估实验室虽然不实行像部级质检中心一样的每3年一次的审查认可和计量认证，但对风险评估实验室实行的是国际通行的风险评估能力考核认定制度。纳入农业农村部建设计划的风险评估实验室，原则上应当自建设计划下达之日起两年内通过农业农村部的风险评估能力考核认定。经农业农村部农产品质量安全监管司委托国家农产品质量安全风险评估机构组成的考核专家组现场考核评审合格，形成的考核评审材料和考核评审报告经国家农产品质量安全风险评估机构审查确认，符合规定要求并考核合格的风险评估实验室，统一由农业农村部审批并对外公告，正式核准风险评估实验室在农产品相关产品、环节、危害因子类别等方面的质量安全授权评估范围，颁发农业农村部农产品

质量安全风险评估实验室考核认定资质证书,准许使用国家农产品质量安全风险评估专用标识标志,由依托单位按照有关规定刻制风险评估实验室工作用章,启用风险评估实验室相关文书。经考核认定的风险评估实验室在风险评估、风险监测业务范围增加时,应当按照规定程序申请增项考核认定。为确保风险评估和风险监测结果科学、准确、可靠,风险评估实验室应当建立实验室质量控制体系,编制并正确实施风险评估实验室管理指南,按照规定制订工作计划、工作程序和工作规范,定期对风险评估、风险监测工作质量进行考核评价。风险评估实验室承担风险评估和风险监测任务时,应当制订实施方案,报任务下达部门(单位)备案认可,风险评估实验室工作人员应当严格保守风险评估和风险监测工作秘密。从规范管理和科学评估的角度看,要抓紧制定《国家农产品质量安全风险评估管理办法》《农产品质量安全风险评估财政专项实施管理办法》和《国家农产品质量安全风险评估工作规范》,抓紧开展风险评估实验室、实验站及国家农产品质量安全风险评估机构内设风险评估基准实验室初次评估能力的考核认定与日常评估能力的跟踪验证工作,强化各风险评估实验室、实验站和国家农产品质量安全风险评估机构内设风险评估基准实验室工作质量的督导巡查和绩效管理。

第二章 农产品质量安全检验检测

第一节 农产品质量安全风险监测

农产品质量安全风险监测是指为了掌握农产品质量安全状况和开展农产品质量安全风险评估,系统和持续地对影响农产品质量安全的有害因素进行检验、分析和评价的活动,包括农产品质量安全例行监测、普查和专项监测等内容。实施主体为县级以上人民政府农业行政主管部门。应当定期开展,并根据农产品质量安全监管需要,随时开展专项风险监测。主要程序和要求如下。

一、计划下达

根据上级农业行政主管部门农产品质量安全监测计划和本行政区域农产品质量安全风险隐患分布及变化情况,科学制订和适时调整本级农产品质量安全监测计划,并及时下达监测任务。计划应涵盖监测区域范围、品种参数、数量频次、时间安排、任务机构和经费估算等。承担监测任务的机构必须具备相应的检测条件和能力,由省级以上人民政府农业行政主管部门或者其授权的部门考核合格。同时,应当依法经计量认证合格。

二、组织实施

(一) 编报实施方案

承担监测任务的机构在具体实施抽检工作前,应先编制翔实、操作性强的工作方案,并报任务下达机构备案。工作方案应当包括下列内容。

(1) 监测任务分工,明确具体承担抽样、检测、结果汇总等的机构。

(2) 各机构承担的具体监测内容,包括样品种类、来源、数量、检测项目等。

(3) 样品的封装、传递及保存条件。

(4) 任务下达部门指定的抽样方法、检测方法及判定依据。

(5) 监测完成时间及结果报送日期。

(二) 抽样

抽样应当采取符合统计学要求的抽样方法,确保样品代表性。监测计划中规定抽样方法的,应严格按规定抽样。

(三) 监测

监测应采用公布的标准方法或经方法学研究确认和专家组认定的非标准方法。监测计划中规定检测依据和判定依据的,应严格按规定执行。监测过程中,应做好结果质量控制,包括实验室内部质量控制和复检确认等。

(四) 结果报送

监测数据和分析结果应按要求报送任务下达机构。

三、结果会商

农产品质量安全风险监测结果会商是指主管部门邀请相关部门和专家,通过会议集体商讨的形式,共同分析研判农产品质量安全风险监测过程中发现的安全隐患因素、风险程度，提出防控措施的过程。会商分为定期会商、临时会商和紧急会商三种形式：一是定期会商注重本阶段农产品质量安全风险监测工作进展情况，分析研判农产品质量安全风险隐患，提出建议措施，明确下一步工作要求；二是临时会商注重近期发现的农产品质量安全风险隐患，分析原因，提出对策建议，指导相关监管部门及时排除安全隐患；三是紧急会商集中于会商事由和事件发生进展情况，分析研讨解决对策，安排布置应急工作。对会商做出的各项建议措施，相应的职能部门要立即布置、抓紧办理、尽快完成，并及时向主管部门反馈执行情况。

四、结果通报

按照规定，县级以上地方人民政府农业行政主管部门应及时向上级农业行政主管部门报送监测数据和分析结果，并向同级食品安全委员会办公室、卫生行政、质量监督、工商行政管理、食品药品监督管理等有关部门通报。

五、结果发布

建立健全监测信息发布制度，按照法定权限和程序发布农产品质量安全监测结果及相关信息，不能越权、越级、越范围公布。

第二节　农产品质量安全检测机构

农产品是民族生存的基础，国家繁荣的保障。农产品质量安全不仅关系人民群众身体健康和生命安全，而且也关系经济发展和社会稳定，关系政府和国家形象。农产品质量安全检测机构是指经考核和计量认证合格，对外开展农产品、农业投入

品和产地环境检测工作的法定技术执法机构。具体讲，农产品质量安全检测机构按照国家法律、法规以及相关标准和技术规范要求，以先进的仪器设备为手段，以可靠的实验环境为保障，对农产品生产全过程、涉及质量安全的农业投入品和产地环境开展科学公正的监测、检验、鉴定、评价的技术工作，在农业标准化实施、农产品质量安全评价、农产品产地准出和市场准入、农业监督执法等方面发挥着重要技术支撑作用，是农产品质量安全监管的重要组成部分。

一、农产品质量安全检测机构

（一）检测

检测是指按照规定的程序，由测定确定给定产品的一种或多种特性，处理或服务组成的技术操作（GB/T 15483.1—1999；ISO/IEC 导则 2：1996）。

检测是指按照规定程序，由确定给定产品的一种或多种特性，进行处理或提供服务所组成的技术操作（GB/T 15481—2000）。

检测是指根据特定的程序，测定产品过程或服务的一种或多种特性的技术操作（GB/T 3953.1—1996）。

从定义可以看出，"检测"仅是一种技术操作，它只需要按规定程序的操作提供所测结果，不需要给出测定数据合格与否的判定。对给定的产品、材料、设备、生物体、物理现象、工艺过程或服务，按规定程序确定一种或多种特性或性能的技术操作。

（二）机构

这里说的机构即指与检测有关的实验室的统称，是指从事质量监督检验检测等工作的实验室或其他相关机构。

第二章 农产品质量安全检验检测

《中华人民共和国农产品质量安全法》(以下简称《农产品质量安全法》)第三十五条规定:从事农产品质量安全检测的机构,必须具备相应的检测条件和能力,由省级以上人民政府农业行政主管部门或者其授权的部门考核合格。因此,农产品质量安全检测机构是指依据国家相关法律法规和标准规范建设的,通过资质认定(计量认证)和农产品质量安全检测机构考核,依法独立开展检测工作,并向社会出具公证数据的技术执法单位。

二、农产品质量安全检测机构的类别

按照不同的分类原则与标准,农产品质量安全检测机构有以下几种分类方法。

(一)按照管理权限划分

按照挂靠单位主管部门的管理权限和级别划分,农产品质量安全检测机构可分为部(国家)级质检机构、省级质检机构、地市级质检机构和县级质检机构。其中,部(国家)级质检中心为农业部授权成立,省、地市和县级质检机构由省、地市和县级农业行政主管部门授权成立。

1. 部(国家)级质检机构

立足本专业,突出和发挥专业优势,在相应领域内重点开展以下工作:全国农产品质量安全普查、例行监测等任务;开展国内外农产品质量安全风险分析与评估工作;农产品检验检测技术的研发和标准的制(修)订;国内外农产品质量安全对比分析研究和国内外合作与交流;质量安全重大事故、纠纷的调查、鉴定和评价;质量安全认证检验、仲裁检验和其他委托检验任务;负责相关专业农产品质量安全方面的技术咨询和技术服务,为区域性质检中心、省级综合性质检中心等提供专业

技术服务和人才培训。

2. **省级质检机构**

突出省域内职责,主要承担省域内主要农产品质量安全监督抽查检验、市场准入性检验检测、产地认定检验和评价鉴定检验,负责对地市级、县级检测站进行技术指导和技术培训,接受其他委托检验和负责省域内农产品质量安全方面的技术咨询、技术服务等工作。

3. **地市级质检机构**

主要侧重于所辖区域内涉及农产品消费安全的市场抽检、监督抽查执法检测、复检和县级以下检测机构的技术指导;承担上级主管部门下达的农产品质量安全监测、监督抽查任务;承担辖区内农业生产组织、农产品流通组织的检测技术支持;承担本市农产品质量安全突发事件中应急检测任务。

4. **县级质检机构**

突出农产品质量安全执法检验、日常性检验、农产品质量安全标准的宣传和对千家万户农产品生产的指导职能,负责指导乡镇农产品质量安全监督机构、农产品生产基地、产地批发市场等的检验检测和技术培训工作,承担对广大农民和农产品生产者质量安全方面的标准宣贯、技术培训、技术咨询和技术服务工作。

(二)按照检测专业领域类别划分

按照检测专业领域,农产品质量安全检测机构可分为农业产出品类质检机构、农业投入品类质检机构和农业环境类质检机构。

1. **产出品类**

主要是从事种植业、畜牧业、渔业产品及制品的质检机构,

第二章 农产品质量安全检验检测

包括食用和非食用农产品两方面。食用农产品主要是对产品中农药残留、兽药残留、渔药残留、重金属、有毒无机化合物类（如砷、铅、氟化物等）、致病菌（如大肠菌群、沙门氏菌等）、病虫害、有机化合物类、激素类、食品添加剂、转基因及生物活性物、生物毒素以及感官、品质（如糖类、蛋白质、脂肪、氨基酸、维生素、有益微量元素等）等进行检测；非食用农产品（如棉花、羊毛、蚕桑等）主要是检测产品品质、质量等级等指标。

2. 农业投入品类

主要是从事种植业、畜牧业、渔业生产中农药、兽药、渔药、肥料、种子、苗木、饲料、农机等农业投入品检测的质检机构。重点对投入品主成分的含量（含活性成分、质量）、辅助理化指标（如稳定性、酸碱度等）、添加剂成分、有害物质（如重金属类及有毒无机化合物、致病菌等）进行检测，以及对农牧渔生产机具和农产品、加工、沼气能源等机械设施进行性能、适应性、耐久性、完整性、安全性等测定。

3. 农业环境类

主要是从事种植业、畜牧业、渔业产地环境与资源检测的质检机构。重点检测土壤、水、大气中污染物质及相关资源指标等。如土壤中重金属类、农药残留、工业污染物、有益矿物元素、有机质及养分指标等，灌溉水、饮用水、农产品加工用水中悬浮物、总氮、总磷、全盐量、重金属元素及其他矿化元素、有毒无机化合物、生物耗氧量、化学需氧量、农药残留、工业有机污染物、微生物以及温度等，大气中铅、氟化物、硫化物、氮氧化物、总悬浮颗粒物等。

（三）按照质检机构所有制属性划分

按照所有制属性，可将农产品质量安全检测机构分为政府

质检机构和民营质检机构。

1. 政府质检机构

（1）农业系统质检机构。目前，我国农产品质量安全检测机构大多依托于行政、科研、教学和推广等单位，根据检测工作的特点，其运行管理具有特殊性。质检机构一般挂靠在具有行政管理职能的检验站（所、中心）、农业科研性质的农业科研院所和农业高等院校。

（2）农业系统外质检机构。多年来为满足本行业部门工作需要，各部门分别建立农业质检机构，如质量技术监督、出入境检验检疫和卫生防疫等部门均建有与农产品质检相关的质检机构。

2. 民营质检机构

民营质检机构指对应于政府质检机构，资本主要来源于民间资本的国内外检测公司。如 SGS 检测集团、天祥集团（ITS）、必维国际检测集团（BV）、华测检测技术股份有限公司（CTI）等，凭借其强大的资本和技术优势，近些年已从工业产品领域拓展到农产品质量安全检测领域，给政府质检机构带来一定的冲击。

第三节 农产品质量安全监督抽查

农产品质量安全监督抽查是为了监督农产品质量安全，依法对生产中或市场上销售的农产品进行抽样检测的活动。监督抽查与风险监测既有区别又有联系。根据部门职责分工，县级以上人民政府农业行政主管部门应重点针对农产品质量安全风险监测结果和监管中发现的突出问题，加强农产品种植、养殖环节以及农产品从种植、养殖环节到进入批发、零售市场或生

第二章 农产品质量安全检验检测

产加工企业前的农产品质量安全监督抽查工作。监督抽查工作应严格按照《农产品质量安全法》《农产品质量安全监测管理办法》相关规定执行。具体程序和要求如下。

一、抽样前准备

对执法抽样人员进行培训，使其熟知抽样程序和方法。由专人负责准备抽样所需要的物品，包括抽样单（盖好公章）、封条（盖好公章）、样品标签、胶带（封样用）、水笔（不能用圆珠笔）、样品袋（有封口功能）或其他塑料袋、塑料瓶（不能侧漏）、蛋托（防破碎）、泡沫箱或保温袋（用于样品运输过程中保温）、冰袋（用于样品运输过程中降温）、刀及砧板、牛皮纸（用于样品预处理）、纸巾、包装容器等。抽样工具应清洁、干燥、无污染，不会对样品造成污染。

二、实地抽样

按照抽样机构和检测机构分离的原则实施。抽样由当地农业行政主管部门或其执法机构负责。检测机构可协助抽样和进行样品预处理。执法抽样人员在两人以上，须出示相关证件。同一批次农产品不得重复抽查。抽样采用的技术方法按照规定程序和相关标准方法执行。

在抽样批次上，一般产品的抽样应选择成熟度达到可以上市销售的产品，未成熟的产品或者还不能上市销售的产品一般不安排抽样。种植业产品基地以同一产地、同一品种或种类、同一生产技术方式、同期采收或者同一成熟度的产品为一个抽样单元，即通常所说的一检验批；动物产品养殖基地以同一养殖场、养殖条件相同、同一天或同一时段生产的产品为一检验批。

被抽查单位或被抽查人无正当理由拒绝抽样的，抽样人员

应当立即告知拒绝抽样的后果和处理措施。被抽查单位仍拒绝抽样的,抽样人员应当现场填写《农产品质量安全监督抽查拒检确认书》,由抽样人员和见证人共同签字,并及时向当地农业行政主管部门报告情况。依据《农产品质量安全监测管理办法》第二十三条规定,对被拒绝抽查的农产品以不合格论处。有下列情形之一,被抽查人可以拒绝抽样:①具有执法证件的抽样人员少于两名;②抽样人员未出示执法证件或工作证件。

三、编号、封装

抽取的样品应当经抽样人员和被抽查人签字或按手印确认后现场封存。样品按要求统一编号之后,在分装样品袋(盒)前将标签写好,标签上应注明样品名称、样品编号等信息,粘贴到样品袋(盒)上面。样品放入样品袋(盒)后进行封样。封样应确保样品不能拆封或者拆封后无法复原,使样品保持原封样特性。样品一经封样,在送达实验室检测之前,任何人不得擅自开封或更换,否则该样品作废,并追究相关人员的责任。抽样人员应当现场制备和封存样品。现场制备的样品分为3份,一份用于检验检测,一份用于检验检测备用,一份留存备复检。封签须由两名具有执法证件的抽样人员及被抽查单位签字、捺印。监督抽查不得向被抽查单位收取检验费和其他费用。检测样和备用样交承担检测任务的检测机构,并填写《样品移交确认单》。复检样由被抽检单位或当地农业行政主管部门保存,保存条件应在$-20℃$以下。不具备保存条件的,可以委托具备相应资质和条件的检测机构保存。

四、填写抽样单

抽样单按规定格式填写,填写的信息应当齐全、准确,字迹清晰、工整,以确保抽样信息可追溯到具体单位或人。样品

第二章 农产品质量安全检验检测

信息经抽样人员和受检单位人员或者抽样人员双方确认无误后共同签字确认。抽样人员应当准确、客观、完整填写抽样单。抽样单应当加盖抽样单位印章,并由抽样人员和被抽查人签字或按手印;被抽查人为单位的,应当加盖单位公章或者由被抽查单位工作人员签字或者按手印。抽样单一式四份,分别留存抽样单位、被抽查人、检测单位和下达任务的农业行政主管部门。

五、运输、送检

留存被抽检单位的样品应告知其妥善保存方法;其余样品根据不同保存要求(冷藏、冷冻或保温等)妥善处理后,及时运输送检。样品到达检测单位后,进行样品移交,双方在《样品交接单》上签字确认,检测单位应组织人员对样品进行认真检查,对样品数量、状态、质量、编号及抽样单、封样情况逐一仔细检查核对、记录、确认,检查合格后,对检测和备份样品分别加贴相应标识后方可入库。承担农产品质量安全监督抽查检测工作的检测机构应自收到样品之日起10个工作日内出具检验报告。检测任务不可外转,严格按任务下达部门指定方法和判定依据检测判定,遵守相关操作规范,如实记录并书面证明不可检样品。

六、结果告知

检测工作结束后,对检测结果不合格的,承担任务的检测机构应在结果确认后24小时内,将《检验报告》报送下达任务的农业行政主管部门。农业行政主管部门应当自收到《检验报告》24小时内,将《农产品质量安全监督抽查不合格结果通知单》传真和邮寄到被抽查单位。注意留存被抽查单位的接收证据,当面递交的应当留存签字书证,邮寄的应当及时打印并留

存邮件签收证明。

七、复检

被抽查单位对检测结果有异议的，可以自收到《农产品质量安全监督抽查不合格结果通知单》之日起5日内，向农业行政主管部门书面申请复检。逾期未提出的，视为承认检测结果。采用快速检测方法进行监督抽查，被抽查人对检测结果有异议的，可以自收到检测结果时起4小时内申请复检。复检不得采用快速检测方法。

复检由农业行政主管部门指定具备相应资质的检测机构承担。承担复检任务的检测机构应自收到样品之日起7个工作日内出具检验报告。复检不得由原检测机构承担。复检结论与原检测结论一致的，复检费用由申请人承担；复检结论与原检测结论不一致的，复检费用由原检测机构承担。

八、监测纪律

农产品质量安全监测应遵守以下工作纪律：①不得向被抽查人收取费用，监测样品由抽样单位向被抽查人购买。②秉公守法、廉洁公正，不得弄虚作假、以权谋私。被抽查人或者与其有利害关系的人员不得参与抽样、检测工作。③抽样应当严格按照工作方案进行，不得擅自改变。抽样人员不得事先通知被抽查人，不得接受被抽查人的馈赠，不得利用抽样之便牟取非法利益。④对检测结果的真实性负责，不得瞒报、谎报、迟报检测数据和分析结果。不得利用检测结果参与有偿活动。⑤监测任务承担单位和参与监测工作的人员应当对监测工作方案和检测结果保密，未经任务下达部门同意，不得向任何单位和个人透露。

九、查处

对抽检不合格的农产品,应当及时依法查处,或依法移交有关部门查处。

第四节 农产品质量安全执法

古人云:"天下之事,不难于立法,而难于法之必行。"农业行政执法是法律法规赋予农业部门的重要职责,是农业部门履行好职能的重要方式。中国农业执法体系初步健全,农产品质量安全执法对于农业部门来说,是一项极其重要的工作,要求执法人员既要懂技术,也要懂法律,是一项法律专业知识要求较高的工作,但由于法律知识比较欠缺,执法能力有待提1%,执法手段不足,执法底气不够,加之执法对象特殊,执法难度大等制约因素,导致农产品质量安全执法还存在角色定位不清,过程不规范、不到位、不连续的问题。规范农业行政执法行为的相关规定包括《中华人民共和国行政处罚法》《中华人民共和国行政许可法》《中华人民共和国行政强制法》《中华人民共和国行政复议法》《中华人民共和国行政诉讼法》等,以及农业农村部的《农业行政处罚程序规定》《农业部关于修订部分规章和规范性文件的决定》《农业部关于印发〈农业行政执法文书制作规范〉和农业行政执法基本文书格式的通知》等。同时,各地还应遵循相应的地方法规,如四川省行政区域内实施行政执法,还应遵守《四川省行政执法规定》等。行政执法人员必须是行政执法机关的在编人员。非在编人员可以受行政执法机关的聘用协助执法,但不得实施行政处罚。

一、执法依据

目前,中国农产品质量安全执法的主要法律依据是《农产品质量安全法》和《中华人民共和国食品安全法》,《中华人民共和国农业法》《中华人民共和国畜牧法》《中华人民共和国渔业法》等也对保障农产品质量安全提出了具体规定。同时,《农药管理条例》《兽药管理条例》《饲料和饲料添加剂管理条例》《农业转基因生物安全管理条例》《无公害农产品管理办法》《绿色食品标志管理办法》《农产品地理标志管理办法》《农产品产地安全管理办法》《农产品包装与标识管理办法》《农产品质量安全检测机构考核办法》等行政法规和部门规章也分别对农产品质量安全相关环节做了细致而具体的规定。各地结合实际也陆续出台了相关地方法规,如《四川省〈中华人民共和国农产品质量安全法〉实施办法》等。

二、执法程序

农业行政执法包括行政许可、行政强制、行政处罚、行政复议、行政诉讼等,本章农业行政处罚程序,可分为简易程序和一般程序。

(一)简易程序

违法事实确凿并有法定依据,对公民处以50元以下、对法人或者其他组织处以1 000元以下罚款或者警告的行政处罚的,可以当场做出农业行政处罚决定。当场做出行政处罚决定时应当遵守下列程序。

(1)向当事人表明身份,出示执法证件。

(2)当场查清违法事实,收集和保存必要的证据。

(3)告知当事人违法事实、处罚理由和依据,并听取当事人陈述和申辩。

(4) 填写《当场处罚决定书》,当场交付当事人,并应当告知当事人,如不服行政处罚决定,可以依法申请行政复议或者提起行政诉讼。

执法人员应当自做出当场处罚决定之日起、渔业执法人员应当自抵岸之日起两日内将《当场处罚决定书》报所属农业行政处罚机关备案。

(二) 一般程序

实施农业行政处罚,除适用简易程序的外,应当适用一般程序,由下列步骤构成。

1. 立案

执法人员经初步调查,发现公民、法人或者其他组织涉嫌有违法行为依法应当给予行政处罚的,应当填写《行政处罚立案审批表》,报本行政处罚机关负责人批准立案。违法案件的来源主要有以下几方面:①检举、控告;②当事人在实施违法行为后向农业行政处罚机关主动投案;③检查发现;④媒体曝光;⑤上级交办;⑥其他机关移送或转移。

2. 调查取证

农业行政处罚机关应当对案件情况进行全面、客观、公正的调查,收集证据。执法人员调查收集证据时不得少于2人。证据包括书证、物证、视听资料、证人证言、当事人陈述、鉴定结论、勘验笔录和现场笔录。证据不确实不充分是农业行政处罚大忌,收集证据应做到以下几点:①抓住时机,做到"四快",即手快、眼快、嘴快、腿快,争取在第一现场获取更多的原始证据;②做好事前计划与准备,以便检查时游刃有余;③收集证据过程中注意与行政相对人关系的处理,反应要快,切忌就办案谈办案,要动之以情、晓之以理,不要意气用事,要懂轻重缓急、软硬兼施;④注意案情的变化及时补充证据;

⑤注意做好证据的固定和保全。

调查取证具体手段如下。

(1) 询问。执法人员询问证人或当事人（以下简称被询问人），应当制作《询问笔录》。笔录经被询问人阅核后，由询问人和被询问人签名或者盖章。被询问人拒绝签名或盖章的，由询问人在笔录上注明情况。

(2) 现场检查、勘验。为调查案件需要，有权要求当事人或者有关人员协助调查；有权依法进行现场检查或者勘验；有权要求当事人提供相应的证据资料；对重要的书证，有权进行复制。执法人员对与案件有关的物品或者场所进行现场检查或者勘验检查时，应当通知当事人到场，制作《现场检查（勘验）笔录》，当事人拒不到场或拒绝签名盖章的，应当在笔录中注明，并可以请在场的其他人员见证。在调查案件时，对需要鉴定的专门性问题，交由法定鉴定部门进行鉴定；没有法定鉴定部门的，可以提交有资质的专业机构进行鉴定。

(3) 抽样取证。收集证据时，可以采取抽样取证的方法。抽样取证的对象不局限于产品本身，也可以是产品标识、包装等。

(4) 产品确认。从非生产单位取得样品时，为确认样品的真实生产单位，向标签标注的生产单位发出《产品确认通知书》进行确认。

(5) 协助调查。在办理跨行政区案件时，需要其他农业行政处罚机关协查的，可以发送协查函。

(6) 证据先行登记保存。在证据可能灭失或者以后难以取得的情况下，经农业行政处罚机关负责人批准，可以先行登记保存。先行登记保存物品时，就地由当事人保存的，当事人或者有关人员不得使用、销售、转移、损毁或者隐匿。就地保存可能妨害公共秩序、公共安全，或者存在其他不适宜就地保存情况的，可以异地保存。对异地保存的物品，应当妥善保管。对先行登记保存的证据，应当在7日内做出下列处理决定并告知当事人；需要进行技术检验或者鉴定的，送交有关部门检验或者鉴定；对依法应予没收的物品，依照法定程序处理；对依法应当由有关部门处理的，移交有关部门；为防止损害公共利益，需要销毁或者无害化处理的依法进行处理；不需要继续登记保存的解除登记保存。

（7）查封扣押。可以依据有关法律、法规的规定，对违法物品采取查封、扣押等强制措施。对证据进行抽样取证、登记保存或者采取查封、扣押等强制措施，应当有当事人在场；当事人拒绝签名盖章的，应当在笔录中注明；当事人不在场或拒绝到场的，执法人员可以邀请其他人员到场见证。

对抽样取证、登记保存、查封扣押的物品应当制作《抽样取证凭证》《证据登记保存清单》《查封（扣押）通知书》。抽样送检的，应当将检测结果及时告知当事人。非从生产单位直接抽样的，可以向产品标注生产单位发送《产品确认通知书》。

案件调查人员与本案有利害关系或者其他关系可能影响公正处理的，应当申请回避，当事人也有权向农业行政处罚机关申请要求回避。案件调查人员的回避，由农业行政处罚机关负责人决定；农业行政处罚机关负责人的回避由集体讨论决定。回避未被决定前，不得停止对案件的调查处理。

3. 案件审查

执法人员在调查结束后，认为案件事实清楚，证据充分，应当制作《案件处理意见书》，报农业行政处罚机关负责人审批。案情复杂或者有重大违法行为需要给予较重行政处罚的，应当由农业行政处罚机关负责人集体讨论决定。在边远、水上和交通不便的地区按一般程序实施处罚时，执法人员可以采用通信方式报请处罚机关负责人批准立案并对调查结果及处理意

见进行审查。报批记录必须存档备案。当事人可当场向执法人员进行陈述和申辩;不提出陈述和申辩的,视为放弃此权利。但该方式不适用于应由农业行政处罚机关负责人集体讨论决定的案件。

4. 告知

在做出行政处罚决定之前,农业行政处罚机关应当制作《行政处罚事先告知书》,送达当事人,告知拟给予的行政处罚内容及其事实、理由和依据,并告知当事人可以在收到告知书之日起3日内,进行陈述、申辩。符合听证条件的,告知当事人可以要求听证。当事人无正当理由逾期未提出陈述、申辩或者要求听证的,视为放弃上述权利。

5. 做出处罚决定并制作《行政处罚决定书》

及时对当事人的陈述、申辩或者听证情况进行审查,认为违法事实清楚,证据确凿,决定给予行政处罚的,应当制作《行政处罚决定书》。农业行政处罚案件自立案之日起,应当在3个月内做出处理决定;特殊情况下3个月内不能做出处理的,报经上一级农业行政处罚机关批准可以延长至一年。对专门性问题需要鉴定的,所需时间不计算在办案期限内。

6. 送达农业行政处罚决定

送达农业行政处罚决定的方式有以下5种。

(1) 直接送达。《行政处罚决定书》应当在宣告后当场交付当事人;当事人不在场的,应当在7日内送达当事人,并由当事人在《送达回证》上签名或者盖章;当事人不在场的,可以交给其成年家属或者所在单位代收,并在送达回证上签名或者盖章。

(2) 留置送达。当事人或者代收人拒绝接收、签名、盖章的,送达人可以邀请有关基层组织或者其所在单位的有关人员

到场,说明情况,把《行政处罚决定书》留在其住处或者单位,并在送达回证上记明拒绝的事由、送达的日期,由送达人、见证人签名或者盖章,即视为送达。

(3) 委托送达。直接送达农业行政处罚文书有困难的,可委托其他农业行政处罚机关代为送达,也可以邮寄、公告送达。

(4) 邮寄送达。通过邮局以挂号、特快专递等形式邮寄给送达人的送达方式。邮寄送达的,挂号回执上注明的收件日期为送达日期。

(5) 公告送达。受送达人下落不明或者上述方式无法送达的情况下,以张贴公告、登报等办法将处罚文书公之于众,经过一段时间,法律上即视为送达的一种特殊方式。公告送达的,自发出公告之日起经过 60 天,即视为送达。

7. 执行农业行政处罚决定

农业行政处罚执行程序具有 3 个方面的特征,即合法性、时限性和强制性。有两种实现形式,即自觉履行和强制执行,强制执行包括行政强制执行和司法强制执行。遵循以下原则:申诉不停止执行;罚缴分离。执行内容包括缴纳罚款、申请强制执行和处理涉案财物。

(1) 缴纳罚款。罚款的行政处罚决定由法定的享有行政处罚权的行政机关做出,当事人自行持行政处罚决定书及缴纳罚款通知书在规定的时间内到指定的金融机构缴纳罚款。行政机关可以指定银行作为收受罚款的专门机构,当事人应当自收到行政处罚决定书之日起 15 日内到指定的银行缴纳罚款,银行应当收受罚款,并将罚款直接上缴国库。依法给予 20 元以下罚款的或不当场收缴事后难以执行的,可以当场收缴罚款。当场收缴罚款应出具省级财政部门统一制发的罚款收据。罚款应当自返回行政处罚机关所在地之日起 2 日内,交至农业行政处罚机关;在水上当场收缴的罚款,应当自抵岸之日起 2 日内交至农业行政处罚机关；农业行政处罚机关应当在 2 日内将罚款交至指定的银行。

(2) 申请强制执行。当事人在法定期限内对行政处罚决定不提起行政复议、行政诉讼又不履行的，农业行政处罚机关可在当事人的法定诉讼期限届满之日起 180 日内提出申请人民法院予以强制执行。

(3) 处理涉案财物。对违法物品和非法财物依法予以没收。除依法应予以销毁的物品（如高度农药）外，必须公开拍卖或按国家有关规定处理。处理所有涉案财物应当制作《罚没物品处理记录》，没收非法财物拍卖的款项，必须全部上缴国库。

8. 结案归档

案件终结后，案件调查人员填写《行政处罚结案报告》，经农业行政处罚机关负责人批准后结案。按照下列要求及时将案件材料立卷归档：①一案一卷；②文书齐全，手续完备；③按顺序装订。

三、处罚标准

（一）在有毒有害物质超过规定标准的区域内组织农业生产

(1) 生产者在已经公布的禁止区域内或明知该区域有毒有害物质超过规定标准仍组织生产，根据《农产品质量安全法》《中华人民共和国刑法》（以下简称《刑法》）第 143 条、最高人民法院和最高人民检察院司法解释等规定，移送公安部门以"生产、销售不符合安全标准食品罪"进行查处。

(2) 生产者在不知情的前提下，在有毒有害物质超过规定标准的区域内组织生产，首先要责令停止销售、追回已经销售的农产品，对违法销售的农产品进行无害化处理或者予以监督销毁（同时建议对未上市农产品及其生产母体进行无害化处理

或监督销毁）；根据《农产品质量安全法》规定，对生产企业、农民专业合作社没收违法所得，并处以行政罚款。案件查处后，建议由农业部门会同环保、国土等部门，提出禁止生产的区域范围，报本级人民政府批准后公布。

（二）在生产过程中非法或者不合理使用农业投入品

1. 在农业生产过程中使用国家明令禁止的投入品

在农业生产过程中使用国家明令禁止的投入品主要是指在食用农产品种植、养殖、销售、运输、储存等过程中，使用禁用农药、兽药等禁用物质或其他有毒有害物质。该行为属于犯罪行为。根据《农产品质量安全法》《刑法》第144条、最高人民法院和最高人民检察院司法解释等规定，移送公安部门以"生产、销售有毒有害食品罪"查处。

2. 在种植过程中超范围使用农药

根据《农药管理条例》等相关规定，任何农药不得超出登记范围使用；农药使用者应严格按照产品标签规定的剂量、防治对象、使用方法、注意事项等施用，不得随意改变。超范围使用农药导致农产品中农药残留不符合农产品质量安全标准要区分3种情况：①导致农产品中"禁用"成分超标，如甲胺磷、克百威等在蔬菜、水果等生产中禁止使用，但乙酰甲胺磷、丁硫克百威并未明令禁止使用，这类农药在作物体内代谢分解为甲胺磷、克百威，首先应责令禁止销售，并追回已经销售的农产品，对违法销售的农产品进行无害化处理或者予以监督销毁；同时还应根据《农产品质量安全法》规定，对生产企业、农民专业合作社没收违法所得，并处以行政罚款。②导致农产品中"非禁用"成分残留量超过国家同类食品安全标准规定，首先应责令禁止销售，并追回已经销售的农产品，对违法销售的农产品进行无害化处理或者予以监督销毁；同时还应根据《农产品

质量安全法》规定,对生产企业、农民专业合作社没收违法所得,并处以行政罚款。③小宗作物使用未经登记农药,其残留符合相关作物要求,建议不做行政处罚。

3. 在养殖过程中超范围、超量使用兽药、饲料添加剂

根据《兽药管理条例》《饲料和饲料添加剂管理条例》等规定,动物养殖过程中应按照兽药安全使用规定、饲料添加剂使用说明和注意事项使用兽药、饲料添加剂。

对超范围、超量使用兽药或者将人用药用于动物的,根据《兽药管理条例》第62条规定进行查处:"未按照国家有关兽药安全使用规定使用兽药的、未建立用药记录或者记录不完整真实的,或者使用禁止使用的药品和其他化合物,或者将人用药用于动物的,责令其立即改正,并对饲喂了违禁药物及其他化合物的动物及其产品进行无害化处理;对违法单位处 10 000 元以上 50 000 元以下罚款;给他人造成损失的,依法承担赔偿责任。"

对超范围或超最高限量规定使用饲料添加剂的,根据《饲料和饲料添加剂管理条例》第47条第4款查处:"由县级人民政府饲料管理部门没收违法使用的产品和非法添加物质,对单位处 10 000 元以上 50 000 元以下罚款,对个人处 5 000 元以下罚款;构成犯罪的,依法追究刑事责任。"

4. 在生产过程中使用含有"隐性成分"的投入品

在生产实践中,个别厂家为了提高药效,扩大销售,保住市场份额,故意在农业投入品中添加隐性成分。一经查明,首先应责令停止销售并追回已经销售的农产品,对销售的农产品进行无害化处理或者予以监督销毁;根据《农药管理条例》《兽药管理条例》规定,添加隐性成分的农(兽)药一律为假药,从这一角度来看,农业生产者在不知情的情况下使用添加隐性

第二章 农产品质量安全检验检测

成分的投入品,自身也是假药的受害者,建议对农产品生产者不进行行政处罚,同时应按照相关规定对隐性成分添加者进行源头追溯打击。

5. 生产者未严格执行农业投入品使用安全间隔期的规定

农业投入品使用后会在生物体内,在光合作用、新陈代谢等一系列因素作用下,其有毒有害物质逐步降解到安全水平。为保障农产品食用安全,每一种农业投入品都会标明其使用安全间隔期或者休药期,若生产者未严格执行相关规定,就会造成农产品特定成分含量超过安全标准。一经查明,首先要责令生产者停止销售并追回已经销售的农产品,对违法销售的农产品进行无害化处理或者予以监督销毁,对未采收(或屠宰)的农产品按照安全间隔期或者休药期的规定延期采收(或屠宰)上市;其次还应根据《农产品质量安全法》规定,对生产企业、农民专业合作社没收违法所得,并处以行政罚款。

6. 其他引起不符合农产品质量安全标准的情况

对销售含有致病性寄生虫、微生物不符合农产品质量安全标准,生物毒素不符合农产品质量安全标准以及其他不符合农产品质量安全标准的农产品,首先责令停止销售并追回已经销售的农产品,对违法销售的农产品进行无害化处理或者予以监督销毁;其次根据《农产品质量安全法》规定,对生产企业、农民专业合作社没收违法所得,并处以行政罚款。

(三)生产、运输、包装中违法农产品质量安全管理制度

1. 伪造或不按规定建立、保存农产品生产记录的行为

农产品生产记录是农业生产中的共性问题,但生产记录在农产品发生质量安全问题时是分析判断问题产生的重要依据,甚至会影响对违法行为案件的定性,因而《农产品质量安全法》规定,农产品生产企业和农民专业合作经济组织应当建立农

品生产记录并应当保存2年,禁止伪造农产品生产记录等。同时明确,国家鼓励其他农产品生产者建立农产品生产记录。对伪造或不按规定建立、保存农产品生产记录的行为可根据《农产品质量安全法》进行行政处罚:农产品生产企业、农民专业合作经济组织未建立或者未按照规定保存农产品生产记录的,或者伪造农产品生产记录的,责令限期改正;逾期不改的,可以处以行政罚款。

2. 不按规定进行包装、标识

建立农产品包装、标识制度,是实施农产品追踪和溯源,建立农产品质量安全责任追究制度的前提,是防止农产品在运输、销售或购买时被污染和损害的关键措施,也是培育农产品品牌,提高农产品市场竞争力的必由之路。《农产品质量安全法》对农产品的包装、标识做出了规定,主要包括:应当包装或者附加标识而未包装或附加标识;"三剂"(保鲜剂、防腐剂、添加剂,下同)不符合国家有关强制性的技术规范;农业转基因生物的农产品不符合规定标识;未附具检疫合格标识、检疫合格证明以及冒用农产品质量标志等五类行为,均应追究相应的法律责任。根据《农产品质量安全法》规定,对不按规定进行包装和标识的农业企业、农民专业合作社责令限期改正,逾期不改正的,可以处以行政罚款;对"三剂"不符合国家有关强制性规范的,根据《农产品质量安全法》规定,责令停止销售,对被污染的农产品进行无害化处理,对不能进行无害化处理的予以监督销毁;没收违法所得,并处以行政罚款;对未按照要求标识农业转基因生物的农产品,根据《农业转基因生物安全管理条例》规定,由县级以上人民政府农业行政主管部门依据职权,责令限期改正,可以没收非法销售的产品和违法所得,并可以处10 000元以上50 000元以下的罚款;对未按照规定附具动物检疫合格标志、检疫合格证明的,根据《动物防疫

第二章 农产品质量安全检验检测

法》规定,由动物卫生监督机构责令改正,处同类检疫合格动物、动物产品货值金额10%以上50%以下罚款;对货主以外的承运人处运输费用1倍以上3倍以下罚款;对冒用农产品质量安全标识的,根据《农产品质量安全法》规定,责令改正,没收违法所得,并处以行政罚款;伪造、冒用、转让、买卖无公害产品产地认定证书、产品认证证书和标志,根据《无公害农产品管理办法》规定,农业行政主管部门可处以违法所得1倍以上3倍以下的罚款,但最高罚款不得超过30 000元,没有违法所得的,可以处10 000元以下罚款。

第三章 农业标准化

第一节 农业标准化的概念及发展状况

一、农业标准化的概念

(一) 标准

为在一定的范围内获得最佳程序,对活动或其结果规定共同的和重复使用规则、导则或特性的文件,称为标准。标准应以科学、技术和经验的综合成果为基础,以促进最佳社会效益为目的。

我国目前将标准分为国家标准、行业标准、地方标准和企业标准4级。国家标准由国务院标准化行政主管部门制定和发布,行业标准由国务院有关行政主管部门制定和发布,地方标准由省、自治区和直辖市标准化行政主管部门制定和发布,企业标准由企业制定和执行。

标准分为强制性标准和推荐性标准。强制性标准具有法律属性,是在一定范围内通过法律、行政法规等手段强制执行的标准。推荐性标准又称非强制性标准或自愿性标准,是指生产、交换、使用等方面,通过经济手段或者市场调节而自愿采用的一类标准。推荐性标准不具有强制性,任何单位均有权决定是否采用,但推荐性标准一经接受并采用或各方商定同意纳入经济合同中,就成为各方必须共同遵守的技术依据,具有法律约

束性。

(二) 农业标准

为在一定的范围内获得最佳的秩序,对农业活动或其结果规定共同的和重复使用的规则、导则或特性的文件,称为农业标准。按照农业生产过程,农业标准主要可分为种质标准、种子种苗繁育技术规程、产地环境标准、生产技术规程、采后处理储藏技术规程和产品质量标准等。农业标准体系主要包括农业技术标准体系、农业管理标准体系和农业工作标准体系。

(三) 农业标准化

农业标准化是在确保农产品质量和产业可持续发展的前提下,运用现代农业科学技术和管理技术结合的方式,以建立完善农业生产的产前、产中、产后全程标准体系为技术基础,以现代管理和质量控制技术为手段,建立完善工作制度和管理制度,将农业标准要求落实到农产品产销的每个环节,以期获得最大综合效益的过程。

二、农业标准化的发展状况

(一) 农业标准体系不断完善

为专项支持农业行业标准的制定、修订工作,农业农村部和财政部联合启动了"农业行业标准制修订财政专项计划",成为我国农业标准化工作快速发展的重要标志。十年来,我国农业各领域的标准制修订工作得到全面加强,标准范围拓展到农产品生产全过程,涵盖种子种苗繁育、产地环境、农产品质量安全、动植物疫病防控、生产技术规范、农产品等级规格、包装标识等方面。

(二) 农业标准化专家队伍基本建立

以标准项目为依托凝聚人才,以标准化宣传培训为手段培

养人才，以标准化国际活动为平台锻炼人才，是队伍建设的有益经验。农业部先后筹建了蔬菜、果品、水产、畜牧、农产品加工、热带作物、农药残留、兽药残留、动物防疫、转基因、植物新品种、饲料、沼气等专业性的标准化技术委员会 18 个，专家委员近千人。参与制定农业标准制定宣贯专家发展到 3 万余人。目前，以科研、教学、管理、技术推广机构为基础，以标准化技术委员会为骨干的农业标准化队伍已初步建立。

（三）国际交流合作不断深入

为了有效应对农产品贸易技术壁垒、促进农产品国际贸易，我国积极开展农产品质量安全管理的国际交流与合作。农产品技术性贸易措施官方评议作为利用 WTO 规则行使 WTO 成员权利的重要手段，在应对国外技术性贸易措施，保护农业出口和产业发展方面具有重要作用。我国自启动农产品技术性贸易措施官方评议以来，逐步建立规范工作制度，设立农业部 WTO 通报联系点，建立专家工作队伍，构建农产品质量安全标准和 WTO 涉农通报数据库，加强跟踪 OIE 等国际标准组织工作动态，开展通报信息预警，推动官方评议的不断发展。近年来，农业部年均评议国外技术性贸易措施 500 余项，有效维护了我国农产品的国际贸易利益。与此同时，通过"948"、公益性科研专项等项目支持，积极派员出国考察学习，引进农产品质量安全管理技术。通过国际交流与合作，极大地推动了我国农产品质量安全工作的开展，强化了国际规则制定的参与力度，提高了我国农产品质量安全管理水平。

第二节 农产品质量安全标准体系的构成

一、农产品质量安全标准体系的范围

种植业包含水稻、小麦、玉米、大豆、油菜、棉花、蔬菜、水果、茶叶、花卉、食用菌、糖料、麻类、橡胶等不同产品所涉及的标准；畜牧业包含猪、牛、羊、鸡、鸭、兔、蜂、饲料等产品所涉及的标准；渔业包含鱼、虾、贝、藻等产品所涉及的标准。

二、农产品质量安全标准体系的内容

安全类标准是影响农产品安全的物理性、化学性和生物性危害因素方面的标准。质量类标准主要是农产品质量标准以及与农产品质量有关的标准，包括基础标准、资源与生态环境保护标准、农业投入品标准、生产操作规程、产品标准、包装储运标准、方法标准。

三、农产品质量安全标准体系的层级

主要由农业国家标准、行业标准、地方标准和企业标准4级组成。

第三节 农产品质量安全标准管理体制

一般而言，农业国家标准是在国家质量监督检验检疫总局管理下，由国家标准化管理委员会履行行政管理职能，按照"统一计划、统一审查、统一编号、统一批准和发布"的要求，对需要在全国范畴内统一的技术要求制定农业国家标准。但按

照《兽药管理条例》和《农业转基因生物安全管理条例》的规定，兽药产品质量、兽药残留及检测方法，农业转基因检测技术规范等国家标准的制定是由农业农村部负责的。

一、标准的计划

国家标准根据《国家标准管理办法》，由国家标准化行政主管部门在每年6月提出编制下年度国家标准计划项目的原则要求，国务院有关行政主管部门则将编制国家计划项目的原则、要求，转发给由其负责管理的全国专业标准化技术委员会或专业标准化技术归口单位。经征求意见后，国务院标准化行政主管部门对上报的国家计划项目。兽药质量、兽药残留及检测方法，农业转基因生物安全管理技术规范等国家标准的计划则由农业部门提出和下达。

农业行业标准依据《行业标准管理办法》，由农业农村部每年根据需要提出《农业行业标准制修订项目指南》。由各相关单位根据项目指南提出项目申请，由农业农村部各业务司局提出的计划进行评审后形成年度计划，农业农村部标准化主管司局根据该计划最终确定年度农业行业标准修订项目，并以文件形式下达。

农业地方标准根据《地方标准管理办法》，并没有国家标准，而行业标准又需要在省、自治区、直辖市范围内统一要求，可以制定地方标准。省、自治区、直辖市标准化行政主管部门，向同级农业行政主管部门和省辖市（含地区）标准化行政主管部门，部署制订地方标准年度计划的要求，由同级有关行政主管部门和省辖市标准化行政主管部门根据年度计划的要求提出计划建议。

省、自治区、直辖市标准化行政主管部门对计划建议进行协调审查，制订出年度计划。

二、标准的制定与审查

由负责标准起草单位对所制定标准的质量及其技术内容全面负责，起草标准征求意见稿，编写编制说明及有关附件，经负责起草单位的技术负责人审查后，印发各有关的主要生产、经销、使用、科研、检验单位及大专院校征求意见。负责起草单位对征集的意见进行归纳整理，分析研究和处理后提出标准送审稿、编制说明及意见汇总处理表。国家标准由负责该项目的技术委员会秘书处或技术归口单位审阅，并确定能否提交审查。农业行业标准由农业农村部业务对口司局复核申报材料，提出审定专家建议并连同有关材料报农业部市场与经济信息司（农业农村部质量办公室）。地方标准送审稿由省、自治区、直辖市标准化行政主管部门组织审查或委托同级农业行政主管部门、省辖市标准化行政主管部门组织审查，审查形式可会审，也可以函审。

三、标准的审批及发布

国家标准化行政主管部门、农业农村部、省（自治区、直辖市）标准化行政主管部门分别负责国家、行业、地方标准的审批、编号、发布。兽药质量、兽药残留及检测方法，农业转基因生物安全管理技术规范等国家标准由农业农村部审批、编号和发布。标准报批稿的审核时间一般不超过 4 个月，国家标准由中国标准出版社出版，兽药标准由兽医行政主管部门确定出版单位。行业标准的发布由农业行政主管部门进行标准备案。地方标准的出版、发行工作由各省（自治区、直辖市）标准化行政主管部门负责。

四、标准的复审与修订

国家、行业、地方标准的主管部门对实施期满 5 年的标准应进行复审，以确定对该标准采取以下哪一种处理方式：继续有效、修改（通过技术勘误表或修改单）、修订（提交计划项目申请，立项对标准进行修订）或废止。

第四节　农业标准化工作的方法

一、强化农业标准制（修）订工作

当前，食品安全监管体制格局已发生重大改变，农业部门监管职责已扩大至生猪屠宰和农产品流通储运环节。农业标准化既是生产标准化，又是产业标准化，更是全程标准化。当务之急，一是要继续加强农兽药残留限量及检验检测方法标准的制（修）订，尽快使农兽药产品质量和残留限量的监管有标可依、有法可检。二是抓紧研究制定生猪屠宰、农产品流通储运和包装标识环节的监管标准和操作规范，为农业部门履行新的监管职能提供技术支撑。三是要下大力气强化标准的基础科研，特别是风险评估、小作物分类、农兽药代谢规律及控制、替代农兽药等的科学理论和技术方法。

二、加快推进农业标准化实施应用

重点以县域为单元，由县级政府统筹各部门资源条件，推动农业标准在农业全产业链整体"落地"，构建上下一体、事权明晰、县为重点的标准化推进新格局。一是组织省级农业部门抓紧制订全国农业标准化整体推进的规划和计划。二是指导省级集成转化国家标准和行业标准，加快制定发布地方优势特色

农产品的生产技术规范和操作规程。三是帮助县级政府围绕当地农业优势产业和产品，研究制定控制技术规范，编印简明、实用的图表。四是尽快启动农业标准化财政转移支付，把农业标准化补贴纳入农业补贴范畴。

三、强化农业标准化基础研究和宣传培训

农业标准化，既是促进农业科技成果集成转化的重要途径，又是加快农业生产方式转变的重要举措。要强化农兽药残留及各类有毒有害物质的限量、转基因生物安全评价方法的研究，加快农产品质量安全检测仪器、技术与方法、动植物安全生产以及病虫害有效防控技术的研究，加强与相关国际组织及贸易国标准化管理和技术机构之间的交流与合作，积极参与国际标准的制（修）订工作，不断提高农业标准化工作水平。同时，加强要按照农业标准化在产业链上的布局，充分发挥标准化技术委员会、农业院校、成人技术学校、农技推广部门、农资经营点和市场咨询机构等主体的作用，形成农业标准化多级教育培训体系，制定农业标准化教育培训规划和培训大纲，借助阳光培训、科技入户等项目，形成统一规划、逐级培训的工作机制。

四、强化农业标准化工作制度

要深化农业投入品监管制度，尽快修订《农药管理条例》，设立农药经营许可、问题农药召回、农药登记再评价制度。抓紧修订《兽药管理条例》并上升为《兽药法》，进一步明确中央和地方的职责，建立部门间的协作机制。要借鉴国际经验，科学制定农兽药禁限用政策。加快肥料立法，完善肥料登记的法律法规依据。出台《农业标准化管理办法》，为建立上下一体、左右互通的农业标准化工作体制机制提供制度保障。

第五节 典型农业标准化建设的实施

典型农业标准化建设的实施的内容包括果园、菜园、茶园和标准化畜禽养殖场、水产健康养殖场。

一、三园两场创建的意义

(一) 保障园艺产品消费安全的需要

我国是世界上最大的园艺产品生产国和消费国,蔬菜、水果、茶叶总产量均位居世界第一。园艺产品既是满足广大城乡居民生活的保障品,又是满足居民提高生活质量的多元化消费品。园艺产品属于鲜活农产品,产品的质量安全是重大的民生问题,农业部门承担着重要的监管职责。近几年的农业农村部农产品质量例行监测结果显示,蔬菜、水果、茶叶质量抽检合格率均在95%左右,从总体上看,食用园艺产品是安全的,但是5%左右的质量不合格率表明园艺产品的安全风险形势仍然十分严峻,尤其是在三聚氰胺等食品安全事件发生以后,公众高度关注农产品质量安全,一个安全事件就可能毁掉一个产业。

(二) 提高园艺产业化水平的需要

园艺产业具有生产环节多、产业链条长、商品率高和市场化程度高等特点。在建设现代农业的新阶段,园艺产业带动农民增收致富必须提高产业化水平,重点推进"五化"——种植基地规模化、经营管理集约化、生产技术专业化、生产过程标准化、产品销售品牌化。但是,我国园艺生产却主要是以单元多、规模小、组织化程度低为特征的小农户生产,难以实现专业化、标准化生产和品牌化经营。近年来,农业农村部大力扶持龙头企业和农民专业合作组织的发展,大力推广农作物病虫

害统防统治、机械化采收、集约化育苗等专业化技术，园艺产业展现出向现代化农业发展的良好态势。农业农村部大力推进园艺作物标准园创建，是要进一步以农民专业合作组织或龙头企业为载体，将分散的农户组织起来，建立"合作社联农户或企业带农户"的经营机制，提高农民的组织化程度，逐步增强发展生产、开拓市场、经营服务的能力，形成统一生产、统一加工、统一销售的产业化经营模式，做大做强一批有特色、叫得响、带动性强的品牌，进一步提高园艺产品市场竞争力和整体效益，促进农民持续增收。

二、三园两场创建的要求

（一）蔬菜标准园的创建要求

1. 规模化种植

在全国蔬菜重点发展区域、全国无公害蔬菜生产示范创建县，严格按照无公害蔬菜产地环境条件标准的要求，选择集中连片的蔬菜基地开展创建活动，推动规模化种植，发展适度规模经营，设施蔬菜集中连片面积（设施内面积）200 亩（1 亩≈667 平方米，1 公顷=15 亩。全书同）以上，露地蔬菜集中连片面积 1 000 亩以上，水、电、路基础设施配套完善。

2. 标准化生产

加快推广蔬菜优良品种、集约化育苗、防虫网、粘虫板、频振式杀虫灯、性诱剂、避雨栽培、防雾滴棚膜、膜下滴灌、高温闷棚 10 项病虫害农业、物理和生物防控技术，使农药用量减少 30% 以上。建立产品质量安全和分等分级及生产技术规程标准体系，蔬菜标准园 100% 推行标准化生产。完善投入品管理、生产档案、产品检测、基地准出、质量追溯 5 项全程质量管理制度，形成产品质量安全管理长效机制。

3. 商品化处理

大力发展蔬菜产品清洗、分等分级、包装等采后商品化处理和储运保鲜。蔬菜标准园的产品100%实行商品化处理,有条件地区建立冷链系统,实行加工、运输、销售全程冷藏保鲜。

4. 品牌化销售

搞好无公害、绿色、有机食品和GAP认证及地理标志登记,加大产品品牌建设。通过品牌扩大影响,开拓市场,提高效益,蔬菜标准园的产品做到100%品牌销售。

5. 产业化经营

蔬菜标准园创建,以农民专业合作组织或龙头企业为载体,把一家一户的农民组织起来,实行"六统一管理"(统一品种、统一购药、统一标准、统一检测、统一标识、统一销售),做到100%统防统治,100%测土配方施肥,100%产品订单生产。

(二)果园创建要求

1. 区位要求

苹果、柑橘标准果园要求在优势区域规划的核心县选择;梨要求在重点区域规划的核心县选择;葡萄、桃、香蕉、荔枝要求在主产区选择。

2. 立地条件

产地环境条件必须符合无公害食品标准对水果产地环境条件的要求:苹果、柑橘、梨、桃(NY 5013—2006),葡萄(NY 5087—2002),香蕉(NY 5022—2006),荔枝(NY 5023—2002)。果园土层厚度1米以上,土壤肥沃、疏松、通透性良好,有机质含量1%以上,pH值、地下水位符合水果生长要求,坡度在15°以下。沿海果园应选建在有天然屏障的地区或在果园外营造防风林带。果园内田间道路完善,便于作业和运输;水、

第三章 农业标准化

电配备完善且布局合理,具有节水灌溉设施的果园优先考虑;果园交通便利。

3. 果园规模

苹果、柑橘、梨标准果园连片规模 66.67 公顷 (1 000 亩) 以上,葡萄、桃、香蕉、荔枝连片规模 33.33 公顷 (500 亩) 以上。

4. 品种与技术

要求品种统一。栽植密度应根据品种、砧穗组合、环境条件和管理水平等确定。植株生长整齐一致,树势健壮,通风透光,立体结果。无检疫性病虫。推行标准化生产,实施投入品登记管理,确保产品质量安全。

(三) 茶园创建要求

1. 区位要求

标准茶园要求在茶叶重点区域发展规划县 (市、区) 茶园的核心地区,交通比较方便。

2. 立地和加工条件

产地环境条件必须符合《无公害食品茶叶产地环境条件》(NY 5020—2001) 的要求。茶园应为平地或缓坡,坡度在 25°以下,其中坡度为 15°~25° 的茶园须建立等高梯级园地。土壤 pH 值 4.5~5.5,土层有效深度 1 米以上,土壤疏松、肥沃,通透性良好。茶园内田间道路、沟、渠等基础设施完备,便于作业和运输,水土保持良好。有茶叶初制厂且布局合理,加工设备配套齐全,能满足标准化、清洁化生产的要求,获得 QS 认证。

3. 茶园规模

标准茶园相对集中连片,规模在 1 000 亩以上。

4. 品种与技术

茶树品种必须是国家或省级认定的无性系良种。推行标准化生产技术，按照《无公害食品茶叶生产技术规程》（NY/T 5018—2001）和《无公害食品茶叶加工技术规程》（NY/T 5019—2001）的要求，进行施肥、耕作、修剪、采摘等管理和病虫害防治，建立完善的茶园农事活动档案记录及茶园投入品登记制度，采用标准化工艺，实行清洁化加工，确保产品质量安全。

（四）畜禽养殖标准示范区创建要求

发展畜禽标准化规模养殖，是加快生产方式转变、建设现代牧业的重要内容。这几年来，在中央生猪、奶牛标准化规模养殖等扶持政策的推动下，各地标准化规模养殖加快发展，生猪和蛋鸡规模化比重分别达60%和76.9%，已成为畜产品市场有效供给的重要来源。

畜禽标准化生产，就是在场址布局、栏舍建设、生产设施设备、良种选择、投入品使用、卫生防疫、粪污处理等方面严格执行法律法规和相关标准的规定，并按照程序组织生产的过程。各地畜牧兽医主管部门围绕重点环节，着力于标准的制（修）订、实施与推广，达到"六化"，即畜禽良种化、养殖设施化、生产规范化、防疫制度化、粪污处理无害化和监管常态化。要因地制宜，选用高产优质高效畜禽良种，品种来源清楚、检疫合格，实现畜禽品种良种化。养殖场选址布局应科学合理，符合防疫要求，畜禽犬舍、饲养与环境控制设备等生产设施设备满足标准化生产的需要，实现养殖设施化。落实畜禽养殖场和小区备案制度，制定并实施科学规范的畜禽饲养管理章程，配制和使用安全高效饲料，严格遵守饲料、饲料添加剂和兽药使用有关规定，实现生产规范化。完善防疫措施，健全防疫制

第三章 农业标准化

度,加强动物防疫条件审查,有效防止重大动物疫病发生,实现防疫制度化,畜禽粪污处理方法得当,设施齐全且运转正常,达到相关排放标准,实现粪污处理无害化或资源化利用。依照《中华人民共和国畜牧法》《饲料和饲料添加剂管理条例》《兽药管理条例》等法律法规,对饲料、饲料添加剂和兽药等投入品使用,畜禽养殖档案建立和畜禽标识制度使用实施有效监管,从源头上保障畜产品质量安全,实现监管常态化。各地要建立健全畜禽标准化生产体系,加强关键技术培训与指导,加快相关标准的推广应用步伐,着力提升畜禽标准化生产水平。

标准化规模养殖与产业化经营相结合,才能实现生产与市场的对接,产业上下游才能贯通,畜牧业稳定发展的基础才更加牢固。近年来,产业化龙头企业和专业合作经济组织在发展标准化规模养殖方面取得了不少成功的经验。要继续发挥龙头企业的市场竞争优势和示范带动能力鼓励龙头企业建设标准化生产基地,开展生物隔离区建设,采取"公司+农户"等形式发展标准化生产。积极扶持畜牧专业合作经济组织和行业协会的发展,充分发挥其在技术推广、行业自律、维权保障、市场开拓方面的作用,实现规模养殖场与市场的有效对接。各地畜牧兽医主管部门要加强信息引导和服务,鼓励产区和销区之间建立产销合作机制,签订长期稳定的畜产品购销协议。鼓励畜产品加工龙头企业、大型批发市场、超市与标准化规模养殖场户建立长期稳定的产销关系,并推动标准化规模养殖场上市畜产品的品牌创建,努力实现生产上水平、产品有出路、效益有保障。

第四章 农产品质量安全可追溯管理

第一节 农产品质量安全可追溯体系建设

一、农产品质量安全可追溯体系

农产品质量安全可追溯体系是在以欧洲疯牛病危机为代表的食源性事件接连发生的背景下,由法国等部分欧盟国家在国际食品法典委员会提出的一种旨在加强食品安全信息传递、控制食源性疾病危害和保障消费者利益的信息记录体系。该体系对于增强农产品消费者安全消费信心、提高农产品生产经营者管理水平和适应国际贸易出口等方面都具有重要意义。

推行农产品质量安全追溯管理势在必行。《中华人民共和国食品安全法》《关于统筹推进新一轮菜篮子工程建设的意见》《农产品质量安全法》是农产品质量安全监管的保证,社会各界应加快推行农产品质量安全追溯管理。

二、我国农产品质量安全追溯体系建设的特点

一是政府高度重视,多部门推动。从目前我国农产品质量可追溯体系建设的情况来看,各级政府都将追溯体系建设作为当地农产品质量安全管理的重点和亮点。考虑到农业的弱势产业特点和追溯效益尚未充分体现的现状,政府通过政策引导、项目倾斜、资金扶持、宣传培训、技术服务和目标考核等手段,

各部门积极开展研究和实践,整合了追溯体系建设资源和力量,发挥了政府监管与服务的主导作用。科研院所依据其行政职能、管辖范围和技术优势,自发性推进追溯制度建设。

二是企业积极参与,多模式推进。不同追溯体系在框架设计中,都考虑在企业生产管理现状的基础上编制管理软件或技术规范;在推进过程中,都注重通过加强培训,充分发挥生产企业的积极性和能动性。从推进模式来看,主要可以分为资金补贴、技术扶持、综合推进等。

三是规范科学研究,分步骤推进。不同追溯体系在建设运行过程中都具备统一要求。各级政府及科研院所都依据规范科学研究的原则,通过搭建整体平台、建立工作制度、明确各方责任、规范操作流程和统一技术要求等环节,按照不同需求建设追溯体系。各追溯体系在建设初期都采取试点示范的形式,逐步推行。从追溯品种来看,很多地方都选择公众日常消费较多、标准化程度较高且便于标志的产品;从试点实施主体来看,通常选择认征农产品获证单位和农民专业合作经济组织率先示范,以点带面,推进追溯管理全面实施。

第二节 农产品质量监察管理方式

一、电子式追溯管理

电子式追溯管理是以电子化信息为手段、检测合格为控制点、追溯码贯穿始终的农产品质量安全追溯管理体系,实现农产品质量电子信息的正向监控与逆向追溯,这也是具有杭州特色的追溯管理体系的重要组成部分。这种方法适用于散装的农产品,如蔬菜、水果、水产品、畜产品和茶叶等,可采用二维码(一维码)信息进行追溯,也可采用芯片信息进行追溯。

采用二维码（一维码）信息进行追溯，各地有不同的软件设计和应用，消费者可以利用自己的手机或 ATM 机或计算机查询。可分为 3 种类型：采用计算机跟踪追溯、采用耳标信息追溯和采用防伪标志追溯。

二、书写式追溯管理

利用纸质材料，用手工书写的方式传递产品信息，实现可追溯。这种方法是在没有电脑或电子信息系统的情况下使用，其优点是简便，缺点是纸质材料易破损甚至字迹不清。

首先，实行产地证明制度。产品出场有产地证明，写明业主、产地、产品合格性、出品时间、销售去向等可追溯信息。一般情况下，产地准出证明由生产者出具。

其次，在此基础上，实行"一票通"管理。产品进入市场后，经营者按产地证明信息书写"三联单"，产品在流通过程中，"三联单"跟随，直到消费者实现追溯管理的基础是生产领域控制好农产品质量安全信息。

三、包装式追溯管理

包装式追溯是指具有追溯功能的包装，即对每一个产品的外包装进行标识，且每一个产品标识都是唯一的，使标识和被追溯对象有一一对应关系，使用包装式追溯具有以下优点。

一是可追溯性包装能够识别直接供方的进料和终产品的分销途径。

二是可追溯性包装具有唯一标识，其产品的个体和批次标识都就有唯一性。

三是通过可追溯性包装上的标识，可以了解到产品或者厂家相关信息，如地址、联系电话等。

四是企业可以通过可追溯性包装来加强对分销商的控制，

有利于防伪防窜货。

第三节 全面推进农产品质量安全可追溯管理

农业部门将以开展农产品质量安全专项整治行动为契机,进一步加大示范、推动、引导、服务力度,全面推进农产品质量安全可追溯管理,进一步提高农产品质量安全保障能力和水平。扩大试点范围,健全以《农产品质量安全法》为基础的相关制度,加快可追溯管理步伐。

继续推进农业标准化生产示范基地建设,加强无公害农产品生产基地建设,增加基地的数量和规模。在农产品标准化生产基地开展全程可追溯制度,通过标准化生产基地的示范作用,扩大辐射面,提高影响力。指导农产品生产企业、农民合作社、认证产品和出口农产品生产基地建立生产档案,推行农产品包装和标志制度。

完善质量安全追溯机制,农业农村部会同有关部门规范农产品销售票证,全面推行农产品批发市场索证索票管理,把产地编码、产品编码、生产档案、包装标志、索证索票有机衔接起来,完善从农田到市场的追溯链条。逐步建立全国联网的农产品质量安全综合管理信息平台,强化追溯、预警和信息发布。加强农产品质量安全管理追溯技术研究,加快农产品编码技术、电子识别技术及电子标签技术的应用。

第四节 农产品质量可追溯制度

一、实行农业投入品档案管理

加强用药安全管理,实行农药专人负责保管制度,建立了

农药统一购买、发放、使用登记制度和剩余农药回收等制度,确保了农药安全使用。

二、建立田间档案,推行良好农业规范标准

按照《农产品质量安全法》的要求,积极推行建立田间档案。在无公害蔬菜基地实行了"蔬菜基地档案卡"制度,档案上详细记载了从蔬菜栽培管理到产品收获、加工全程的所有活动,一旦蔬菜生产出现质量问题,就能很快从档案上查到出问题的环节。

要想打造特色品牌,就要组织企业和农民专业合作组织实施了良好农业规范标准,种植前对生产基地产地环境的土壤、灌溉水、大气进行综合分析评价,确保种植环境安全达标,种植过程对种子、肥料、农药实行动态监督,建立详细的出入库制度和使用档案,严格控制农药使用间隔期,保证了生产全过程每个环节都有详细记录,并且关注了人员健康和农业可持续发展。

三、实行包装标识,树立品牌

各种标识是实现农产品质量追溯的重要表现形式。在质量管理中强化产品认证和包装标识,创新使用双商标管理,即实行证明商标+企业商标的母子商标的管理模式。通过"母子标"管理模式,定期不定期进行质量跟踪检测,不符合标准的生产者,限期改进和不准使用证明商标。

四、推进产地准出和市场准入制度建设

这方面有大量的示例,实践证明,建立这两项制度也是强化各级农业部门的管理职责、加强生产过程中质量控制的重要环节。如通过推行 IC 卡,在产地实行产品质量检测,产品检测

合格证后方能流出产地。在批发市场、农贸市场开辟了无公害蔬菜生产基地产地专销区，对持有"两卡"即无公害蔬菜销售胸卡、无公害农产品绿色准出卡的菜农优先进入无公害专销区销售。

第五节 农产品质量追溯系统解决方案

一、农产品防伪及质量追溯

(一) 农产品防伪的必要性

这些年来，人们生活水平不断提高，对农产品的需求也在不断的提升，再加上政府这些年来的惠农政策，使得很多特色农产品得到空前的发展。如特色水产、猪禽蜂产品、草食牲畜、特色工艺品、特色花卉、特色饮料、特色粮油、特色果品、特色蔬菜等都得到了长足的发展。但是假冒伪劣产品也随着而来，很多开发型的企业深受其害。

在防伪方面，农产品的防伪也类似，主要是采取数码防伪的方式，让每件产品都贴上自己的身份编码，消费者方便查询而假冒者无法仿制。

(二) 特色农产品防伪质量追溯

农产品质量追溯是适应当前形势采取的有效措施，在很多地方得到广泛应用。

农产品质量追溯包括农产品生产追溯和供应链管理追溯。把生产过程、库存系统和供应商产生的数据合并在一起，从一个统一的视角展示产品制造过程的各种影响因素，是对供需、采购、市场、生产、库存、定单、分销、发货等的全程管理。

(三) 食用农产品追溯体系

全面推进现代信息技术在农产品质量安全领域的应用，加强顶层设计和统筹协调，尽快搭建国家农产品质量安全追溯管理信息平台，建立生产经营主体管理制度，将辖区内农产品生产经营主体逐步纳入国家平台管理，以责任主体和流向管理为核心，落实生产经营主体追溯责任，推动上下游主体实施扫码交易，如实采集生产流通追溯信息，确保农产品全链条可追溯。

出台国家农产品质量安全追溯管理办法，制定追溯管理技术标准，明确追溯要求，统一追溯标识，规范追溯流程，健全管理规则。选择重点地区和重点品种，开展追溯管理试点应用，发挥示范带动作用，探索追溯推进模式。发挥国家平台功能作用，强化线上监管和线下监管，快速追查责任主体、产品流向、监管检测等追溯信息，挖掘大数据资源价值，推进农产品质量安全监管精准化和智能化。

二、农产品溯源系统概述

农产品溯源解决方案即采用农业物联网技术，结合现代信息化手段，对农产品的产地环境、农业投入品、农事生产过程、质量检测、加工储运等质量安全关键环节进行数字化管理，为农产品建立"身份证"制度，实现农产品的全程可追溯。

1. 采集自动化

通过农事易实现种养殖过程数据智能化、自动化采集。

2. 生产标准化

导入不同产业标准化生产模式，推进农产品标准化、规范化生产。

3. 过程可视化

通过产地环境数据采集和视频监控，实现生产过程监管、

安全预警。

4. 信息透明化

产地准出和流通全过程信息实时采集，实现从田间到餐桌的全程溯源。

5. 数据权威化

与产地认证、三品认证、农资监管、质量检测数据无缝对接，真实可靠。

三、农产品溯源系统解决目标

建立完善的农产品质量追溯体系和标准化生产规范，提高产品品质和产量。

提高农产品附加值和市场竞争力，提升农企品牌形象。

实现农产品安全问题责任追究，加强薄弱环节的监管。

实现农产品安全消费，满足消费知情权。

四、农产品溯源系统适用对象

农产品生产企业、合作社、种植户、家庭农场。

农业主管部门。

五、农产品溯源系统业务应用

（一）主体信息管理

对农业生产主体基本信息和生产基地概况信息进行管理。

（二）农业投入品管理

将生产过程中使用的肥料、农药、饲料等农业投入品的来源、使用情况和库存状况进行管理记录，同时紧密对接农资监管平台，实现投入品领用和生产使用的关联，建立投入品使用追溯信息链条。

(三) 标准化生产过程管理

按不同产业的标准化生产规范,对农产品生产过程的关键控制点进行信息的自动、精准、批量采集,自动生成电子台账,建立安全生产档案。

(四) 质量检测管理

对农产品检测、产地环境检测、"三品一标"认证等质量认证进行管理。

(五) 溯源管产档案

对农产品的批次、品种、追溯码及被查询的次数等信息进行管理。

第五章 农产品质量安全"三品一标"

第一节 无公害农产品认证

一、无公害农产品的含义

无公害农产品是指产地环境、生产过程、产品质量符合国家有关标准和规范的要求,经认证合格获得认证证书,并允许使用无公害农产品标志的未经加工或初加工的食用农产品。

二、无公害农产品认证的性质

无公害农产品的管理是一种质量认证性质的管理,由政府推动,并实行产地认定和产品认证的工作模式。从事无公害农产品的产地认定部门和产品认证的机构不收取费用。检测机构的检测、无公害农产品的标志按国家规定收取费用。

三、无公害农产品的发展定位

无公害农产品定位于保障质量安全,满足大众消费,主要发挥市场准入和引导消费的作用,通过打造公共品牌形象,树立品牌引导消费,方便市场准入,促进优质优价。

四、认证申请受理机构

农业农村部农产品质量安全中心负责无公害农产品的认证

和管理工作，各省级农业（畜牧、渔业、农垦）主管部门设有相应对口工作机构。无公害农产品认证分为产地认定和产品认证两个环节，产地认定与产品认证实行一体化运行。产地认定由省级农业行政主管部门组织实施，产品认证由农业农村部农产品质量安全中心组织实施，产品认证材料的受理、现场检查、初审等工作由省级无公害农产品工作机构组织实施。

五、申请人需要具备的条件

从事农产品生产的单位和个人，可以直接向所在县级农产品质量安全工作机构（简称"工作机构"）书面提出无公害农产品产地认定和产品认证申请。申请认证的产品种类应在农业部和国家认证认可监督管理委员会联合公布的《实施无公害农产品认证的产品目录》内。

六、需要提交的材料

（1）《无公害农产品产地认定与产品认证申请和审查报告》。

（2）国家法律法规规定申请人必须具备的资质证明文件复印件。

（3）《无公害农产品内检员证书》复印件。

（4）无公害农产品生产质量控制措施（内容包括组织管理、投入品管理、卫生防疫、产品检测、产地保护等）。

（5）最近生产周期农业投入品（农药、兽药、渔药等）使用记录复印件。

（6）《产地环境检验报告》及《产地环境现状评价报告》（省级工作机构选定的产地环境检测机构出具）或《产地环境调查报告》（省级工作机构出具）。

（7）《产品检验报告》原件或复印件加盖检测机构印章（农业部农产品质量安全中心选定的产品检测机构出具）。

(8)《无公害农产品认证现场检查报告》原件(负责现场检查的工作机构出具)。

(9) 无公害农产品认证信息登录表(电子版)。

(10) 其他要求提交的有关材料。

申请复查换证的,需提交上述(六)中的(1)(8)(9)材料及《无公害农产品产地认定证书》,申报和审查程序同首次认证。

七、申请和审查步骤

步骤1 符合条件的农产品生产主体,向所在县级工作机构提出无公害农产品产地认定和产品认证一体化申请。

步骤2 县级工作机构对申请人的申请材料进行接收审理。

步骤3 地级工作机构对县级工作机构推荐意见及对全套申请材料进行预审。

步骤4 省级工作机构对产地认定材料进行终审、对产品认证进行初审;省级工作机构可以统筹确定本地区产地认定与产品认证的审查环节。

步骤5 农业农村部农产品质量安全中心所属专业认证分中心对省级工作机构提交的初审情况和相关申请材料进行复审。

步骤6 农业农村部农产品质量安全中心组织专家进行终审。

步骤7 对符合要求的产品颁发认证证书、核发认证标志,并报农业农村部和国家认证认可监督管理委员会联合公告。

八、如何正确使用认证标志

无公害农产品标志图案主要由麦穗、对勾和"无公害农产品"字样组成,麦穗代表农产品,对勾表示合格,金色寓意成熟和丰收,绿色象征环保和安全,见图5-1。

无公害农产品标志应当在认证的品种、数量等范围内使用。获得无公害农产品认证证书的单位或个人,可以在证书规定的产品、包装、标签、广告、说明书上使用无公害农产品标志。

图 5-1 无公害农产品标志

该标志由农业农村部和国家认证认可监督管理委员会联合制定并发布,是加施于获得全国统一无公害农产品认证的产品或产品包装上的证明性标识。印制在包装、标签、广告、说明书上的无公害农产品标志图案,不能作为无公害农产品标志使用。标志使用涉及政府对无公害农产品质量的保证和对生产者、经营者及消费者合法权益的维护,是国家有关部门对无公害农产品进行有效监督和管理的重要手段。

标志除采用多种传统静态防伪技术外,还具有防伪数码查询功能的动态防伪技术。因此,使用该标志是无公害农产品高度防伪的重要措施。所有获证产品以"无公害农产品"称谓进入市场流通,均需在产品或产品包装上加贴标志。

九、申请准备工作、所需时间及费用

(一) 申请材料的准备

见前述"六、需要提交的材料"。

(二) 管理人员的准备

内检员作为保障农产品质量安全的第一道关口,有着特殊重要的意义,申请人应该拥有至少一名内检员负责农产品生产和质量安全管理。内检员是指经培训合格取得农业农村部农产品质量安全中心(以下简称"部中心")颁发的《无公害农产品内检员证书》,并在无公害农产品生产单位负责无公害农产品标准化生产和质量安全管理的专业技术人员。

(三) 现场检查的准备

申请材料符合要求后,申请人要根据所在地的无公害农产品管理机构作出的现场检查计划做好人员安排。检查期间,生产负责人、有关技术人员、库管人员要在岗,准备资质证明原件、制度规程和生产记录档案等文本资料随时备查阅。

(四) 抽检产品的准备

申请材料和产地现场检查符合要求的,无公害农产品管理机构通知申请人委托有资质的检测机构对其产品进行抽样检验。无公害农产品抽样应严格按照《农业部农产品质量安全监督抽查实施细则》和《无公害食品产品抽样规范》(NY/T 5344)规定进行。

(五) 各阶段所需时间

省以下审查环节和时限要求由各省(区、市)确定,原则上从县级工作机构受理认证申请(时间从收到申请主体全部合格材料时开始计算)到省级工作机构完成初审时间不超过45个

工作日。农业农村部农产品质量安全专业分中心复审和部中心终审时间各不超过 20 个工作日。工作时限不包括材料邮寄、补充材料、整改等时间。补充材料或整改时限不超过 30 个工作日。

(六) 所需费用的准备

无公害农产品的申请人需承担产品检测费用,根据申报的产品不同,需检测的项目也不完全一样,一般费用在 2 000~5 000 元不等。根据《农产品包装和标志管理办法》,通过无公害农产品认证后,销售时,除鲜活畜、禽、水产品外,需要包装后贴标或采取附加标签、标识牌、标识带后上市,所需费用依所用包装或标识的形式不同,用量大小有所不同。

无公害农产品认证的有效期。无公害农产品证书有效期限为 3 年,故其标志使用也是 3 年有效,3 年期满后需要继续使用的,应当在有效期满 90 日前申请复查换证。

第二节 绿色食品认证

一、绿色食品的含义

绿色食品是指产自优良生态环境、按照绿色食品标准生产、实行全程质量控制,并获得绿色食品标志使用权的安全、优质食用农产品及相关产品(图 5-2)。

二、绿色食品认证的性质

绿色食品认证是由政府引导的,严格意义上讲,绿色食品认证是一种标志许可的过程,其认证过程及标志使用均要适当收费,收费项目包括认证费、标志使用费和管理费。

第五章 农产品质量安全"三品一标"

图5-2 绿色食品标志

三、绿色食品的发展定位

绿色食品走精品化发展道路,产品不仅要符合国家标准,还要以国际食品法典委员会(CAC)标准为基础,参照发达国家标准制定的绿色食品的相关标准,内销出口都能经受严格的检测检验,具备质量标准优势。绿色食品实行"两端监测、过程控制、质量认证、标识管理"的质量安全制度,增强了产品质量安全水平的可信度,具备质量保障制度优势。绿色食品实行对产地环境的监测和保护,易于打破资源和环境保护领域的"绿色壁垒",具备环保优势。绿色食品是农业农村部推出的质量认证的标志产品。因此绿色食品在市场竞争中具备品牌和价格优势。

四、认证申请受理机构

中国绿色食品发展中心是负责全国绿色食品开发和管理工作的专门机构,隶属农业农村部,与农业农村部绿色食品管理办公室合署办公。在全国组建设立了36个省级绿色食品管理机

构，60%以上的地县都有相应的绿色食品工作机构。

五、申请人需要具备的条件

申请人必须是企业法人，社会团体、民间组织、政府和行政机构等不可作为绿色食品的申请人。同时，还要求申请人具备以下条件。

- 具备绿色食品生产的环境条件和技术条件。
- 生产具备一定规模，具有完善的质量管理体系和较强的抗风险能力。
- 加工企业须生产经营一年以上方可受理申请。
- 有下列情况之一者，不能作为申请人。

（1）与中心和省、市或自治区绿办有经济或其他利益关系的。

（2）可能引致消费者对产品来源产生误解或不信任的，如批发市场、粮库等。

（3）纯属商业经营的企业（如百货大楼、超市等）。

六、需要提交的材料

- 《绿色食品标志使用申请书》。
- 《企业及生产情况调查表》。
- 保证执行绿色食品标准和规范的声明。
- 生产技术操作规程（作物种植规程、畜禽养殖规程、食品加工规程）。
- 公司对"基地+农户"的质量控制体系（包括合同、基地图、基地和农户清单、管理制度）。
- 产品执行标准。
- 产品注册商标文本（复印件）。
- 企业营业执照（复印件）。

第五章 农产品质量安全"三品一标"

- 企业质量管理手册。
- 对于不同类型的申请企业,依据产品质量控制关键点和生产中投入品的使用情况,还应分别提交以下材料。

(1) 矿泉水申请企业,提供卫生许可证、采矿许可证及专家评审意见复印件。

(2) 对于野生采集的申请企业,提供当地政府为防止过渡采集、水土流失而制定的许可采集管理制度。

(3) 对于屠宰企业,提供屠宰许可证复印件。

(4) 从国外引进农作物及蔬菜种子的,提供由国外生产商出具的非转基因种子证明文件原件及所用种衣剂种类和有效成分的证明材料。

(5) 提供生产中所用农药、商品肥、兽药、消毒剂、渔用药、食品添加剂等投入品的产品标签原件。

(6) 生产中使用商品预混料的,提供预混料产品标签原件及生产商生产许可证复印件;使用自产预混料(不对外销售),且养殖方式为集中饲养的,提供生产许可证复印件;使用自产预混料(不对外销售),但养殖管理方式为"公司+农户"的,提供生产许可证复印件、预混料批准文号及审批意见表复印件。

(7) 外购绿色食品原料的,提供有效期为一年的购销合同和有效期为三年的供货协议,并提供绿色食品证书复印件及批次购买原料发票复印件。

(8) 企业存在同时生产加工主原料相同和加工工艺相同(相近)的同类多系列产品或平行生产(同一产品同时存在绿色食品生产与非绿色食品生产)的,提供从原料基地、收购、加工、包装、储运、仓储、产品标识等环节的区别管理体系。

(9) 原料(饲料)及辅料(包括添加剂)是绿色食品或达到绿色食品产品标准的相关证明材料。

(10) 预包装产品,提供产品包装标签设计样。

七、申请和审查步骤

步骤1 申请人向所在省绿色食品工作机构（以下简称省绿办）提出认证申请。

步骤2 省绿办组织检查员对申请材料进行文审。

步骤3 省绿办委派检查员对申请认证企业进行现场检查和产品抽样。

步骤4 绿色食品定点环境监测部门对产地进行环境监测。

步骤5 绿色食品定点产品监测部门对产品进行质量检测。

步骤6 中国绿色食品发展中心（以下简称中心）组织专家对省绿办上报的申请认证材料进行审核。

步骤7 绿色食品认证评审委员会对申请认证产品进行认证评审。

步骤8 中心颁发证书，并进行公告。

八、申请准备工作、所需时间及费用

（一）管理人员的准备

与申请无公害农产品认证相同，申请绿色食品认证的申请人也必须拥有经培训合格、获得资质的绿色食品内检员。

（二）现场检查的准备

申请材料符合要求后，申请人要根据所在地的绿色食品管理机构做出的现场检查计划做好人员安排。检查期间，生产负责人、有关技术人员、会计、库管人员要在岗，准备相关管理制度文件和记录资料随时备查阅。管理制度文件包括产地地块分布图，申请人及产地负责人和农户（包括技术负责人）清单，组织机构图，基地管理制度等文件；与产品质量相关的记录资料包括生产及其管理记录，原料及成品出入库记录、购买生产

第五章 农产品质量安全"三品一标"

资料及使用记录、交售记录、卫生管理记录、培训记录等。

(三) 抽检产品的准备

申请材料和产地现场检查符合要求的,当地绿色食品管理机构将通知申请人委托有资质的检测机构对其产品进行抽样检验。绿色食品的抽样依据《绿色食品产品抽样技术规范》执行。

(四) 各阶段所需时间

省绿办收到申请人的申请材料后,5个工作日内完成对申请认证材料的审查工作,并向申请人发出《文审意见通知单》,同时抄送中心认证处。申请认证材料不齐全的,要求申请人收到《文审意见通知单》后10个工作日提交补充材料。现场检查和环境质量现状调查工作在5个工作日内完成,完成后5个工作日内向省绿办递交现场检查评估报告和环境质量现状调查报告及有关调查资料。绿色食品发展中心认证处组织审查人员及有关专家对省绿办上报的申请认证材料进行审核,20个工作日内做出审核结论。绿色食品评审委员会自收到认证材料、认证处审核意见后10个工作日内进行全面评审,并做出认证终审结论。绿色食品发展中心在5个工作日内将办证的有关文件寄送"认证合格"申请人,并抄送省绿办。申请人在60个工作日内与中心签订《绿色食品标志商标使用许可合同》。

(五) 所需费用的准备

绿色食品认证收费按照《绿色食品认证及标志使用收费管理办法》执行。申请单位需要承担产地环境和产品的检测费用、认证费和标志使用费。产地环境检测费一般为6 000元,产品检测费根据申报的产品不同,需检测的项目也不完全一样,一般费用在3 000~6 000元。绿色食品认证费和标志使用费的应缴金额,由中心根据认证产品的类别、核准产品的数量和《收费办法》规定的标准核定,一般费用在8 000~20 000元。

(六) 绿色食品认证的有效期

绿色食品标志认证一次有效许可使用期限为三年，故其标志使用也是三年有效，但三年期满后可申请续展，通过认证审核后方可继续使用绿色食品标志。

第三节 有机食品认证

一、有机食品的含义

(一) 有机食品 (Organic Food)

这里所说的"有机"不是化学上的概念，虽然不形象直观，但是国内外已普遍接受这一叫法，其他语言中也有称"生态食品"或"生物食品"的。它是指来自有机农业生产体系，根据有机农业要求和相应的标准生产、加工和销售，并通过合法的、独立的有机认证机构认证的产品。有机食品绝大多数为一般农作物产品（如粮食、油料、蔬菜、水果、茶叶、咖啡等）、有机食用菌产品、有机禽畜产品（如肉类、蛋奶制品等）、有机蜂产品、酒类、采集的野生产品以及上述产品为原料的加工产品。

(二) 有机农业 (Organic Farming)

指遵照特定的农业生产原则，在生产中不采用基因工程获得的生物及其产物，不使用化学合成的农药、化肥、生长调节剂、饲料添加剂等物质，遵循自然规律和生态学原理，协调种植业和养殖业的平衡，采用一系列可持续发展的农业技术以维持持续稳定的农业生产体系的一种农业生产方式。有机农业生产体系十分强调农业废弃物如作物秸秆、人畜粪便的综合利用，不仅利用了农村的废弃物，而且减轻了农村废弃物不合理利用所带来的环境污染，维持了整个农业生态系统的平衡。

第五章 农产品质量安全"三品一标"

(三) 有机产品 (Organic Product)

是根据有机农业原则和有机产品生产方式及标准生产、加工出来的,并通过合法的有机产品认证机构认证并颁发证书的一切农产品。有机产品包括有机食品,也包括一些派生出来的产品,如有机化妆品、纺织品、林产品,以及生物农药、有机肥料等(图 5-3)。

图 5-3 中国有机产品标志

二、有机食品的认证性质

有机食品认证是市场行为,认证过程及年度管理均需收费,收费项目包括申请费、审核费、证书费、年度管理费等。

三、认证申请受理机构

根据《中华人民共和国认证认可条例》规定,设立认证机构,应经国家认证认可监督管理委员会批准,并依法取得法人资格后,方可从事批准范围内的认证活动。截至目前,国家认证认可监督管理委员会一共批准了中绿华夏有机食品认证中心

等国内23家有机产品认证机构。读者可以从国家认证认可监督管理委员会网站上查询名录，不在名录所列范围内的认证机构，不得从事有机食品认证活动。

四、申请人需要具备的条件

- 取得国家工商行政管理部门或有关机构注册登记的法人资格。
- 已取得相关法规规定的行政许可（适用时）。
- 生产、加工的产品符合中华人民共和国相关法律法规、安全卫生标准和有关规范的要求。
- 建立和实施了文件化的有机产品管理体系，并有效运行3个月以上。
- 申请认证的产品种类应在国家认证认可监督管理委员会公布的《有机产品认证目录》内。
- 在一年内，未因产品不符合认证依据要求、虚报或瞒报获证所需信息、获证组织违反国家农产品和食品安全管理相关法律法规等原因，被认证机构撤销认证证书。
- 有下列情况之一者，不能作为申请人。

（1）社会团体、民间组织、政府和行政机构。
（2）与认证机构有经济或其他利益关系的。
（3）可能引起消费者对产品来源产生误解或不信任的（如批发市场、粮库等）。
（4）纯属商业经营的企业（如百货大楼、超市等）。

五、需要提交的材料

- 申请人的合法经营资质文件复印件，如营业执照副本、组织机构代码证、土地使用权证明及合同等。
- 申请人及其有机生产、加工、经营的基本情况。

第五章 农产品质量安全"三品一标"

(1) 申请人名称、地址、联系方式;当申请人不是产品的直接生产、加工者时,生产、加工者的名称、地址、联系方式。

(2) 生产单元或加工场所概况。

(3) 申请认证产品名称、品种及其生产规模包括面积、产量、数量、加工量等。同一生产单元内非申请认证产品和非有机方式生产产品的基本信息。

(4) 过去3年间的生产历史,如植物生产的病虫草害防治、投入物使用及收获等农事活动描述;野生植物采集情况的描述;动物、水产养殖的饲养方法、疾病防治、投入物使用、动物运输和屠宰等情况的描述。

(5) 申请和获得其他认证的情况。

• 产地(基地)区域范围描述,包括地理位置、地块分布、缓冲带及产地周围临近地块的使用情况等;加工场所周边环境描述、厂区平面图、工艺流程图等。

• 有机产品生产、加工规划,包括对生产、加工环境适宜性的评价,对生产方式、加工工艺和流程的说明及证明材料,农药、肥料、食品添加剂等投入物质的管理制度以及质量保证、标识与追溯体系建立、有机生产加工风险控制措施等。

• 本年度有机产品生产、加工计划,上一年度销售量、销售额和主要销售市场等。

• 承诺守法诚信,接受行政监管部门及认证机构监督和检查,保证提供材料真实、执行有机产品标准、技术规范的声明。

• 有机生产、加工的管理体系文件。

• 有机转换计划(适用时)。

• 当申请人不是有机产品的直接生产、加工者时,认证委托人与有机产品生产、加工者签订的书面合同复印件。

• 其他相关材料。

六、申请和审查步骤

步骤1 向有资质的有机认证机构提出申请,填写申请表。

步骤2 填写有机生产或加工情况调查表并提供有关材料。

步骤3 认证机构审查材料并派遣有资质的检查员在生产季节实施审查(包括产品抽样)。

步骤4 认证机构根据申请人提供的申请表、调查表等相关材料以及检查员的检查报告和样品检验报告等进行综合评审,编制综合评审及颁证报告报送颁证委员会。

步骤5 颁证委员会根据综合材料进行评审,并做出颁证决议。

(1) 同意颁证。

(2) 转换期证明。

(3) 不能颁证。

步骤6 签订标志使用合同并颁证。

七、申请准备工作、所需时间及费用

(一) 申请材料的准备

见前述"五、需要提交的材料"。

(二) 管理人员的准备

与申请无公害农产品、绿色食品认证相同,申请有机食品认证的申请人也必须拥有经培训合格、获得资质的有机食品内检员。

(三) 现场检查的准备

根据所申请产品对应的认证范围,认证机构应委派具有相应资质和能力的检查员组成检查组。检查组应制订书面的检查计划,经认证机构审定后交申请人并获得确认,申请人要根据

第五章 农产品质量安全"三品一标"

检查计划做好人员安排。检查期间,生产、加工管理人员、内部检查员、操作者要在岗,检查要点包括管理体系、追踪体系、投入物的使用和包装标识等。

(四) 抽检产品的准备

认证机构应当对申请认证的所有产品安排样品检验检测,在风险评估基础上确定需要检测的项目。有机生产或加工中允许使用物质的残留量应符合相关法律法规或强制性标准的规定。有机生产和加工中禁止使用的物质不得检出。

(五) 各阶段所需时间

认证机构应当自收到认证委托人申请材料之日起10日内,完成材料审核,并做出是否受理的决定。认证机构受理认证委托后,认证机构应当按照有机产品认证实施规则的规定,由认证检查员对有机产品生产、加工场所进行现场检查,并应当委托具有法定资质的检验检测机构对申请认证的产品进行检验检测。符合有机产品认证要求的,认证机构应当及时向认证委托人出具有机产品认证证书,允许其使用中国有机产品认证标志;对不符合认证要求的,应当书面通知认证委托人,并说明理由。

(六) 所需费用的准备

有机食品认证的收费项目包括申请费、审核费、注册费、年度管理费、证书变更费、有机销售证书费、抽样检测费和检查员差旅费等。根据有机认证的机构不同,收费标准不同。申请费一般为500~3 000元;审核费由生产规模及工艺复杂程度决定,一般为10 000元以上;注册费一般在3 000~5 000元;年度管理费为5 000元左右;证书费一般在500~800元;每个样品的抽样检测费一般为2 000~3 000元;检查员差旅费由申请人据实支付。

(七) 有机食品认证的有效期

按照有关规定，有机食品认证的有效期限为 1 年。1 年期满后可申请"再认证"，通过检查、审核合格后方可继续使用有机食品证书和有机标志。

(八) 有机产品转换期

有机转换期指从开始采取有机农业方式管理到获得有机认证之间的时期。转换期内必须完全按照有机农业的要求进行管理，不可以使用化肥和农药。一年生作物的转换期一般不少于 24 个月，多年生作物的转换期一般不少于 36 个月。新开荒的、长期撂荒的、长期按传统农业方式耕种的或有充分证据证明多年未使用禁用物质的农田，也应经过至少 12 个月的转换期。转换期内必须完全按照有机农业的要求建立有效的管理体系。按照《有机产品认证管理办法》的相关规定，有机转换期内生产的产品只能作为常规产品销售，这与欧盟、北美等国际上现行的情况是一致的。

第四节 农产品地理标志登记

一、农产品地理标志的含义

农产品地理标志，是指标示农产品来源于特定地域，产品品质和相关特征主要取决于该特定地域的自然生态环境、历史人文因素及特定生产方式，并以地域名称冠名的特有农产品标志。所称农产品是指来源于农业的初级产品，即在农业活动中获得的植物、动物、微生物及其产品（图 5-4）。

二、农产品地理标志登记的性质

农产品地理标志登记工作，严格意义上讲，不属于认证的

第五章 农产品质量安全"三品一标"

图5-4 农产品地理标志

范畴,而是将符合一系列标准、要求的具有特定地域特色的农产品,通过规定的审查和评审程序后,冠以"地理标志"并由农业农村部进行登记保护。

三、农产品地理标志登记的作用

农产品地理标志登记管理,是一项服务于广大农产品生产者的公益行为,主要依托政府推动,登记不收取费用。《农产品地理标志管理办法》规定,县级以上人民政府农业行政主管部门应当将农产品地理标志管理经费编入本部门年度预算。

四、农产品地理标志的市场价值

获农产品地理标志登记的农产品产自特定地域,彰显独特品质,其市场定位于主要满足国内中高端消费市场的需求。地理标志是对某地经过历史检验,具有良好声誉的农产品的官方认证,如果农产品质量不高,就不可能获得地理标志保护。地

理标志既是产品标志,也是质量标志,地理标志能使生产者的产品获得良好的声誉,同时也能使传统质量的高标准得以维持、改良和创新。

地理标志作为一项重要的知识产权,同时扮演着重要的经济角色。农产品一旦获得了地理标志保护,即相当于有形产品在原来的基础上增加了无形资产,一般都会给产品带来大幅度的增值。

五、登记申请受理机构

农业农村部负责全国农产品地理标志的登记工作,农业农村部农产品质量安全中心负责农产品地理标志登记的审查和专家评审工作。省级人民政府农业行政主管部门负责本行政区域内农产品地理标志登记申请的受理和初审工作。农业农村部设立的农产品地理标志登记专家评审委员会,负责专家评审。

六、申请人需要具备的条件

农产品地理标志登记申请人应当是由县级以上地方人民政府择优确定的农民专业合作经济组织、行业协会等服务性组织,并满足以下3个条件。

一是具有监督和管理农产品地理标志及其产品的能力。

二是具有为地理标志农产品生产、加工、营销提供指导服务的能力。

三是具有独立承担民事责任的能力。

农产品地理标志属于集体公权,企业和个人不能作为农产品地理标志登记申请人。

七、需要提交的材料

- 登记申请书。

- 申请人资质证明。
- 产品典型特征特性描述和相应产品品质鉴定报告。
- 产地环境条件、生产技术规范和产品质量安全技术规范。
- 地域范围确定性文件和生产地域分布图。
- 产品实物样品或者样品图片。
- 其他必要的说明性或者证明性材料。

八、申请人需要具备的条件

- 称谓由地理区域名称和农产品通用名称组合构成。
- 产品有独特的品质特性或者特定的生产方式。
- 产品品质和特色主要取决于独特的自然生态环境和人文历史因素。
- 产品有限定的生产区域范围；产地环境、产品质量符合国家强制性技术规范要求。

九、申请和审查步骤

省级人民政府农业行政主管部门受理农产品地理标志登记申请，完成申请材料的初审和现场核查，并提出初审意见。符合条件的，将申请材料和初审意见报送农业农村部农产品质量安全中心；不符合条件的，应当将相关意见和建议通知申请人。

农业农村部农产品质量安全中心对申请材料和初审意见进行审查，提出审查意见，并组织专家评审。

经专家评审通过的，由农业农村部农产品质量安全中心代表农业农村部对社会公示。有关单位和个人有异议的，应当自公示之日起30日内向农业农村部农产品质量安全中心提出。

公示无异议的，由农业农村部做出登记决定并公告，颁发《中华人民共和国农产品地理标志登记证书》，公布登记产品相关技术规范和标准。专家评审没有通过的，由农业农村部做出

不予登记的决定,书面通知申请人,并说明理由。

第五节 "三品一标"的实现路径

"三品一标"进一步的发展,要在现有的工作基础上,进一步强化监管,提升公信力和影响力。

一、推进组织化生产,提高标准化水平

持续推动发展新型农业生产经营主体如农民合作社、农产品生产企业、种养大户、家庭农场等,是实现"组织化管理、规模化经营、标准化生产、品牌化销售"发展要求的重要基础。政府应通过加大对规模化生产主体的扶持,来规范组织运作,引导生产主体统一投入品使用、档案记录、产品销售等,改变农产品生产主体分散、经营主体众多的混乱无序状态,形成统一化组织、基地化生产、规模化发展的态势,以提高农产品的品质和安全水平,最终形成品牌化,提升产品自身价值,让农户实现增收。

二、加强监管队伍建设,强化证后监管

加强"三品一标"监管队伍建设,加强对人员的管理、培训工作,提高监管人员的业务水平和综合素质,是夯实"三品一标"质量的基础。进一步明确各级农业部门对"三品一标"的监管职责,建立严格的监管闭环制度,切实保障"三品一标"事业持续健康发展。一方面规范各级工作机构的认证监管工作,强化考核;另一方面对经认证后依然使用违规投入品的生产企业,按照相关规定进行处罚并向社会公示。

具体监管工作中应根据相关法律规定,按照农产品季节性、当年气候变化和相关投入品使用的特点,制定有高度针对性的

监管工作制度。对投入品使用，安全间隔期、休药期执行、生产记录档案等重点内容着重排查，切实起到高压动态监管的作用。

三、加强宣传，提升品牌影响力

政府和农业部门需加大政策、资金的扶持力度，积极宣传引导、鼓励"三品一标"认证企业使用标志，充分发挥"三品一标"的质量优势，带动安全优质农产品生产，积极促进农业增效和农民增收。一方面，通过各宣传媒介，提高消费者对农产品质量安全和"三品一标"基本知识的了解，创造群众共同关注、共同监督的氛围。另一方面，通过对企业宣传、培训，提高其用标的自觉性和规范性，以便为其提高品牌形象打好基础。同时，还可通过向社会宣传并征集意见，集思广益积极探索更有利于农产品用标的方式，突破鲜活农产品用标准的瓶颈。

无公害农产品重点要强化质量安全考核，政府主导的安全品牌不能有大的风险，下一步还要按照准出准入管理的目标来谋篇布局。绿色食品要突出全程控制，体现优质产品形象，抓好品牌引领工作。有机食品要坚持因地制宜和生态安全，推进有机农业基地建设。地理标志农产品要彰显地域特色，强化精品培育，促进区域经济发展。同时，要强化品牌宣传和市场推介。在继续打好全国绿色食品和有机食品博览会这两张牌的同时，积极拓展其他渠道，搞活宣传推介，提升品牌影响力。在农业农村部领导的高度重视下，农产品地理标志将纳入全国农交会总体考虑，增设地标产品专展。此外，近年来农产品电子商务发展迅猛，一些大的电商平台，都在探索开设安全优质农产品专区，有些还在积极与部里对接，谋求合作，要找好切入点，借力电子商务，打好品牌，拓展市场，更好地促进"三品一标"的发展。

第六章 农产品质量安全生产技术

第一节 绿色食品生产技术

一、绿色农产品生产种植技术

绿色农产品是按照特定的生产方式生产，经专门的机构认定许可使用绿色商品标志的无污染的安全优质食品，根据级别不同（如 A 级和 AA 级），生产种植过程中按照绿色农产品的标准，禁用或限制使用化学合成的农药、肥料、添加剂等生产资料及其他可能对人体健康和生态环境产生危害的物质，并实施"从土地到餐桌"的全程质量控制。这也是绿色农产品工作运行方式中的重要部分，同时也是绿色农产品质量标准的核心，是绿色农产品达到"安全、优质、营养"要求的保障。绿色农产品生产种植过程中，在各个环节通过严密监测、控制，防范农药残留、放射性物质、重金属、有害细菌等对食品生产各个环节的污染，以确保绿色农产品产品的洁净，做到产品内在品质优良，营养价值和卫生安全指标高，同时，也包括外表包装达到相关标准。

绿色农产品生产既不同于现代农业生产，也不同于传统农业生产，而是综合运用现代农业的各种先进理论和科学技术，排除因高能量投入、大量使用化学物质带来的弊病，吸收传统农业中的农艺精华，使之有机结合成为新的生产方式。目前，

第六章 农产品质量安全生产技术

我国种植业农产品及制品安全生产的主要影响因素来自4个方面：一是随着农业生产中化学肥料、化学农药等化学产品使用量的增加，一些有害的化学物质残留在农产中；二是工业废弃物污染农田、水源和大气，导致有害物质在农产品中聚集；三是绿色农产品生产、加工过程中，一些化学色素、化学添加不适当适用，使食品中有害物质增加；四是储存、加工不当导致的微生物污染。绿色农产品种植过程应严格执行产地环境标准、农药使用准则、肥料使用准则、包装通用准则等。

（一）绿色农产品种植环境的选择

1. 大气

大气环境中主要污染物有总悬浮微粒（TSP）、二氧化硫（SO_2）、氮氧化物（NO_x）、氟化物、一氧化碳（CO）和光化学氧化物等。为此，要求产地及产地周围不得有大气污染源，如化工厂、垃圾堆放场、工矿废渣场等，特别是上风口没有污染源，大气环境质量要稳定，符合大气质量标准，即AA级绿色农产品要求1级清洁标准，其综合污染指数$P<0.6$；A级则要求1~2级清洁标准，其$P=0.6~1.0$。绿色农产品产地空气中各项污染物含量不应超过所规定的含量值（除特殊规定外，空气环境质量的采样和分析方法根据GB 3095的6.1和6.2.7及GB 9137的5.1和5.2规定执行）。

2. 水

除了对水的数量有一定要求外，更重要的对水环境质量的要求。应选择地表水、地下水质清洁无污的地区、水域，水域上游没有对该地区构成污染威胁的污染源。绿色农产品的产地应选择地表水、地下水水质清洁、无污染的地区。生产用水质量符合绿色农产品农田灌溉水环境质量指标。AA级绿色农产品要求1级清洁标准，其$P \leq 0.5$级；绿色农产品要求1~2级清洁

标准，其 $P=0.5\sim1.0$。绿色农产品产地农田灌溉水中各项污染物含量限值：pH 值 5.5~8.5，总汞、总镉、总砷、总铅、六价铬、氟化物含量限值分别为 0.001 毫克/升、0.005 毫克/升、0.05 毫克/升、0.1 毫克/升、0.1 毫克/升、2.0 毫克/升（采样和分析方法根据 GB 5084 的 6.2 和 6.3 规定执行）。灌溉菜园用的地表水需测粪大肠菌群，不得超过 10 000（个/升），其他情况下不测粪大肠菌群。

3. 土壤

土壤污染有化学污染（垃圾、污水、畜禽加工厂、造纸厂、制革厂的废水）、生物污染（人、畜粪，医疗单位废弃物）、物理污染（施入土壤中的有机物质）、一些难降解的化学农药污染等方面。为此，绿色农产品生产前必须进行土壤环境监测。对土壤质量的要求是产地位于土壤元素背景值的正常区域，产地及周围无金属或非金属矿山，未受到人为污染，土壤中没有农药残留，特别是从未有施用过 DDT 和六六六的地块，而且要求土壤具有较高土壤肥力。对土壤中某些有富物质元素自然本底值较高的地区，不宜作为绿色农产品产地。绿色农产品生产（包括 AA 级和 A 级）皆按 1 级清洁标准执行，$P \leq 0.7$。目前，执行的 NY/T 391—2000 标准将土壤按耕作方式的不同分为旱田和水田两大类，每类又根据土壤 pH 值的高低分 3 种情况，即 pH 值<6.5，pH 值 6.5~7.5，pH 值>7.5。

4. 土壤肥力

现行的绿色农产品产地环境质量标准土壤肥力作为参考标准。根据全国第二次土壤普查的结果，确定旱地、水田、园地、林地及牧地五类分级。绿色农产品的土壤质量参考这一分类方法，分为三级（Ⅰ级为优良、Ⅱ级为尚可、Ⅲ级为较差），适合于栽培作物土壤的评定，目的是通过调查生产土壤的能力等级

使生产者了解土壤肥力状况,促进生产经营者增施有机肥,提高土壤肥力。生产 AA 级绿色农产品时,转化后的耕地土壤肥力要达到土壤肥力分级 1~2 级指标,生产 A 级绿色农产品时,土壤肥力作为参考指标,土壤肥力测定方法见 GB 7173、GB 7845、GB 7853、GB 7856、GB 7863。

5. 气候条件等其他条件

选择绿色农产品的生产种植环境时,还要充分考虑具体作物的气候条件要求。如绿色荔枝生产环境,必须满足如下气候条件:年平均气温 21~23℃,1 月平均温度 13~17℃,冬季绝对低温≥-1℃,年降水量 1 500~2 100 毫米,日照时数 1 800~2 100 小时,年霜日<150 天。冬季较少冷空气积聚,风害、霜冻危害较轻。此外,选择产地环境时,也要综合考虑其他因素如交通便利,水源充足,排灌方便,种植荔枝的山地、丘陵地坡度在 15°以下等。

(二)绿色农产品生产的种子(苗)检疫及选择

1. 品种健康安全

品种健康安全是绿色农产品种子(苗)的基本属性。一方面种子(苗)内在基因不会对人类及生物链产生不良影响,如转基因种子就因其安全评价性因素,禁止应用于绿色农产品种子(苗);另一方面品种对周围环境,如大气、水域、土壤等安全,不会产生或携带有毒、有害气(物)体。品种具有较高的抗逆性,且自身不携带检疫对象和其他病虫害源。安全性还包括该物种不对当地植物群落的侵害。选用品种的综合抗性好,特别是对生产上易发生的主要病虫害抗性好,从而降低生产过程中的农药使用次数和使用量,保证产品食用安全且降低成本。

2. 品种品质优良

品种品质优良是绿色农产品种子(苗)的商品属性,包括

加工品质、外观品质、蒸煮和食用品质、储藏品质达到优良标准。绿色农产品品种质量要优，能适应市场发展和人民生活需要，同时能带来较好效益。

3. 品种营养性好

品种营养性好是绿色农产品种子（苗）的营养属性，品种营养品质指种子中蛋白质、氨基酸及各种矿物质元素的高低。生产绿色农产品的宗旨是满足人类消费需要，因而品种必须具有高营养、高品质特征基因。

4. 品种依赖性强

品种依赖性强绿色农产品种子的复合属性。绿色农产品种子（苗）依存于优良的生态环境，依存于绿色生产资料的互助，依存于优良种养技术的配套，这充分反映资源、环境、技术三要素密不可分的关系。

5. 良好的品种适应性

良好的品种适应性是绿色农产品种子（苗）的生物属性，只有品种与环境的良好互作，才可具备高产、优质农产品的潜能。品种的生长期要能满足当地气候条件、茬口的要求，适应性好。

6. 品种应通过审定

绿色农产品生产所选用品种应是通过了审定的品种，至少应选用已进入中试或多点试验并具有一定的示范面积，综合性状表现好，有望通过审定。如此类农产品品种确实没有相关审定程序，则应是经当地多年生产实践证实优良、稳定的品种。

（三）绿色农产品生产的肥料施用

1. 绿色农产品生产肥料使用原则

肥料使用必须满足作物对营养元素的需要，使足够数量的

第六章 农产品质量安全生产技术

有机物质返回土壤,以保持或增加土壤肥力及土壤生物活性。所有有机或无机(矿质)肥料尤其是富含氮的肥料应对环境和作物(营养、味道品质和植物抗性)不产生不良后果方可使用。

绿色农产品生产中肥料的使用原则是:保护和促进使用对象的生长及品质的提高;不造成使用对象生产和积累有害物质,不影响人体健康,对生态环境无不良影响。《绿色农产品肥料准则》规定允许使用的肥料有七大类26种,如AA级绿色农产品生产过程中,除可使用铜、铁、锰、锌、硼、钼等微量元素及硫酸钾、煅烧磷酸盐外,不准施用其他化学合成肥料。A级绿色农产品生产过程中则允许使用部分化学合成肥料(但仍禁止使用硝态氮肥),以对环境和作物(营养、味道、品质和植物抗性)不产生不良后果的方法使用。

2. 绿色农产品生产的肥料种类

为了确保绿色农产品的质量,必须合理选择和使用肥料,防止化肥对生产食品的污染。根据《中华人民共和国农业行业标准绿色农产品肥料使用准则》(NY/T 394—2000)规定,绿色农产品生产中可以使用肥料的种类包括农家肥料、商品肥料和其他肥料三大类。具体绿色农产品生产中肥料的使用要求如下。

AA级绿色农产品生产允许使用的肥料种类包括:①上述农家肥料;②经专门机构认定,符合绿色农产品产要求,并正式推荐用于AA级和A级绿色农产品生产的生产资料肥料类产品;③在上述两项不能满足AA级绿色农产品生产需要的情况下,允许使用上述的商品肥料。

A级绿色农产品生产允许使用的肥料种类包括:①所有可用以生产AA级的肥料种类;②经专门机构认定,符合A级绿色农产品生产要求,并正式推荐用于A级绿色农产品生产的生产资料肥料产品;③在上述两项所列肥料不能满足A级绿色农

产品生产需要的情况下，允许使用掺合肥（有机氮与无机氮之比不超过1:1）。所谓掺合肥，就是在有机肥、微生物肥、无机（矿质）肥、腐殖酸肥中按一定比例掺入化肥（硝态氮肥除外），并通过机械混合而成的肥料。

3. 绿色农产品生产中肥料使用准则

（1）必须选用 A 级绿色农产品生产允许使用的肥料种类，如不能够满足生产需要，允许按下列（2）和（3）的要求使用化学肥料（氮、磷、钾）。但禁止使用硝态氮。

（2）化肥必须与有机肥配合施用，有机氮与无机氮之比不超过1:1，例如，施优质厩肥1 000 千克加尿素10 千克（厩肥作基肥，尿素可作基肥和追肥用）。对叶菜类最后一次追肥必须在收获前30 天进行。

（3）化肥也可与有机肥、复合微生物肥配合施用。厩肥1 000 千克，加尿素5~10 千克或磷酸二铵20 千克，复合微生物肥料60 千克（厩肥作基肥，尿素、磷酸二铵和微生物肥料作基肥和追肥用）。最后一次追肥必须在收获前30 天进行。

（4）城市生活垃圾一定要经过无害化处理，质量达到GB 8172 中1.1 的技术要求才能使用。每年每公顷农田限制用量，黏性土壤不超过45 000 千克，沙性土壤不超过30 000 千克。

（5）秸秆还田的同时还允许用少量化肥调节碳氮比。

（6）其他使用原则，与生产 AA 级绿色农产品的肥料使用原则相同。

二、绿色农产品生产养殖技术

在现有的绿色农产品生产体系中，畜牧养殖业、水产养殖业和种植业是最重要的三大领域。发达国家的经济发展过程表明，随着人们生活水平的提高，人均占有畜禽产品和水产品的比例不断提高，因此，掌握绿色农产品生产中养殖管理原则具

第六章 农产品质量安全生产技术

有重要现实意义。从产业链角度看,绿色农产品生产养殖是个系统化的生物工程,其主要技术既包括生产前的产地环境的选择、饲料原料的种植生产与加工,也包括养殖(饲养)管理、疫病控制、质量监测等生产环节的管理,还包括屠宰、冷却、冷冻,肉制品深加工、包装、运输和上市等属于生产后期的技术环节。实践证明,绿色农产品生产养殖的链条越完整,产品就越能出自"最佳的生态环境","从土地到餐桌全程的质量控制"越能得到充分的保障。

产地环境调查与选择

1. 产地环境调查

产地环境质量状况是影响绿色农产品质量的基础因素之一,绿色农产品生产养殖产地环境必须按照绿色农产品生产基地的标准进行建设与管理。中国绿色农产品发展中心编制了中华人民共和国农业行业标准——《绿色农产品产地环境调查、监测与评价导则》(NY/T 1054—2006),导则立足现实,兼顾长远,以科学性、准确性和可操作性为原则,规范绿色农产品产地环境质量现状调查、监测与评价的原则、内容和方法,科学、正确地评价绿色农产品地环境质量,为绿色农产品认证提供科学依据。产地环境现状调查的目的是科学准确地了解产地环境质量现状,为优化监测布点提供科学依据。根据绿色农产品产地环境特点,重点调查产地环境质量现状、发展趋势和区域污染控制措施,兼顾产地自然环境、社会经济及工农业生产对产地环境质量的影响。

绿色农产品产地环境质量调查由省(市)绿色农产品委托管理机构负责组织对申报绿色农产品及其加工产品原料生产基地的农业自然环境概况、社会经济概况和环境质量状况进行综合现状调查,并确定布点采样方案。综合现状调查采取搜集资

料和现场调查两种方法。首先应搜集有关资料，当这些资料不能满足要求时，再进行现场调查，如果监测对象能提供一年内有效的环境监测报告或续展产品的产地环境质量无变化，经省（市）绿色农产品委托管理机构确认，可以免去现场环境检测。

绿色农产品产地环境质调查内容包括如下4个方面。

(1) 自然环境与资源概况。包括地理位置、地形地貌、地质等自然地理；所有区域的主要气候特征，年平均风速和主导风向、年平均气温、极端气温与月平均气温，年平均相对湿度，年平均降水量，降水天数，降水量极值，日照时数，主要天气特性等气候与气象因素；该区域地表水（河流、湖泊等）、水系、流域面积、水文特征、地下水资源总量及开发利用情况等水文状况，以及土壤类型、土壤肥力、土壤背景值、土地利用情况（耕地面积）等土地资源因素；林木植被覆盖率、植物资源、动物资源、鱼类资源等植被及生物资源，以及旱涝、风灾、冰雹、低温、病虫害等自然灾害。

(2) 社会经济概况。包括行政区划、人口状况、工业布局、农田水利、农牧林渔业发展情况和工农业产值、农村能源结构情况等。

(3) 工业"三废"及农业污染物对产地环境的影响。主要包括：工矿乡镇村办企业污染源分布及"三废"处理情况；地表水、地下水、农田土壤、大气质量现状；农药、化肥、地膜等农用生产资料的使用情况及对农业环境的影响和危害。

(4) 农业生态环境保护措施。主要包括污水处理、生态农业试点情况、农业自然资源合理利用等情况。

根据调查，应出具产地环境质量现状调查报告。报告主要应包括如下内容。

——产地基本情况；

——产地灌溉用水环境质量分析；

第六章 农产品质量安全生产技术

——区域环境空气质量分析;
——产地土壤环境质分析;
——综合分析产地环境质量现状,确定优化布点监测方案;
——根据调查、了解、掌握的资料情况,对申报产品及其原料生产基地的环境质量状况进行初步分析,出具调查分析报告,注明调查时间,调查人应签名。

2. 产地环境的选择

(1) 地形、地势和场所。绿色农产品畜禽产品、水产品养殖基地的场应根据养殖对象具体而定,如养殖鸡场应建在地势高燥、向阳的地方,远离沼泽湖洼,避开山坳谷底,通风良好,南向或偏东南向;地面平坦或稍有坡度,排水便利;地形开阔整齐。对养殖场地有一定的规模要求,如池塘养鳖,单个池塘面积以2 000~6 000平方米为宜,水深2~2.5米,池底淤泥不超过20厘米。开展绿色农产品级的鲢、鳜鱼养殖生产,最好选择在正常库容量10万~100万立方米,集雨面积在30公顷以上的山塘或小中型水库中进行,同时要根据实际情况采用山塘养殖、水库养殖、围栏养殖或网箱养殖,并按专业要求设置和建设养殖场所,做好养殖前准备工作。

场址应远离居民区,有足够的卫生防疫间隔。不能建在屠宰厂、化工厂等容易造成环境污染企业的下风向和污水流经处、货物运输道路必经处或附近。场址选择应遵守社会公共卫生准则,其污物、污水不得成为周围社会环境的污染源。

(2) 地质、土壤。一般畜禽养殖基地应避开断层、滑坡、塌陷和地下泥沼地段,要求土壤透气性和透水性强、质地均匀、抗压性强,以沙壤土类最为理想。土壤质量要求与绿色农产品生产种植基地土壤质量要求一致,均必须符合《绿色农产品产地环境技术条件》(NY/T 391—2000)的要求。

(3) 气候、环境。场区所在地有较详细的气象资料,便于设计和组织生产。环境安静，具备绿化、美化条件。无噪声干扰，无污染。大气质量要求与绿色农产品生产种植基地土壤质量要求一致，均必须符合《绿色农产品产地环境技术条件》(NY/T 391—2000) 的要求。

(4) 水源、水质。水源充足，水质良好，无工业、生活污染源，进排水方便，能满足生产、生活和消防需要，各项指标参考生活饮用水要求。注意避免地面污水下渗污染水源。水源水质、底泥等产地环境应符合绿色农产品生产要求的规定。

水产养殖对水源质量要求较高，创造一个适合拟养殖的水产品生活的良好环境是生产优质水产品的前提，尤其是淡水养殖，如果达不到理想条件，则需要采取适当措施。主要措施包括消毒和种水草。

(5) 池塘消毒。苗种放养前须先进行池塘修整和用药物清塘，清塘的主要目的是：杀死有害动物和野杂鱼，减少敌害和争食对象；疏松底土，改善底层通气条件，加速有机物转化为营养盐类，增加池水的肥度；杀死细菌、病原体、寄生虫及有害生物，减少病害的发生；清出的淤泥，既可作肥料，又可加深池塘的深度，晒干后的淤泥还可用于补堤。

第二节　无公害农产品生产技术

一、无公害农产品种植技术

(一) 种植基地环境选择技术

种植环境是无公害农产品生产的基础。无公害农产品生产基地环境的选择应该遵循《GB 18406.1—2001 农产品安全质量无公害蔬菜安全要求》《GB/T 18407.1—2001 农产品安全质量无公害蔬菜产地环境要求》等的有关规定。农田空气环境质量、

灌溉水质、农田土壤都应该遵循无公害农产品生产基地环境质量的相关标准。

无公害农产品种植基地一定要建立在生态环境良好，远离污染源，并且可以可持续生产的农业生产区域。产地内及上风向、灌溉水源上游没有对基地环境产生影响的污染源，包括工业"三废"、农业废物、医院污水和废弃物等；产地一定要绕开公路主干线；土壤重金属背景值高的区域，与土壤、水源环境相关的地方病高发区，都不可当作无公害农产品种植基地。种植区应该尽量建立在该作物的主产区、高产区和独特的生态区，基地土壤肥沃，适应性强。

对基地的种植布局要确保一定的群落多样性。在山坡种植，要在山顶、山脊、梯田间保留自然植被，禁止开垦或破坏，并种植相关植物以固土、保水、挡风；坡地种植要沿着等高线或者利用梯田进行种植。

（二）无公害农产品栽培技术

农作物无公害生产栽培技术的关键是无害化的健康栽培技术。

1. 品种选择

农作物无公害生产栽培的品种，应该结合当地的自然条件、市场需求和优势区域规划进行选择。选择的品种除了质量好、产量高外，还应该对当地针对该作物的病虫害有一定的耐受性。

2. 种子消毒

我们所说的种子泛指农作物的种植或繁殖材料，包括籽粒、果实和根、茎、芽、叶等。购买的种子应该符合相应的种子质量规定，外来的种子要有检疫合格证，自繁种子要符合《中华人民共和国种子法》的相关规定。对种子进行消毒，可以防止病虫害的传染流行，防止种子烂掉和秧苗枯萎病，有助于种子

的发芽，防治储藏性、土传性病害等。消毒对于提高种子成活率、出苗整齐、帮助幼苗成长、减少育苗时间、提升苗木的产量和质量都十分有好处。消毒的方法，常见的有物理和化学两种方法。物理消毒法经常使用的有日光暴晒、紫外光照射、温汤浸种等方法。日光暴晒只适合那些在太阳照射下不容易减少发芽率的种子。温汤浸种一般水的温度为 40~55℃，浸泡的时长为 1~24 小时，种子的类别不同，浸种温度和时间也不一样。对种子进行化学消毒经常使用杀菌剂、杀虫剂以及两种制剂互相混合使用。主要的操作方法是拌种和浸种。拌种时，药粉的使用量与种子重量的比例一般为 0.1%~0.5%，拌种时，把种子和药粉放在玻璃容器中，摇动 5~6 分钟，使药粉与种子充分混合均匀。浸种方法的优点是没有粉尘、药剂和种子接触比较好、药效比较显著，缺点是药剂的蒸汽有毒，需要配备专门的防毒面具和专用设备。处理好的种子在密封的仓库或房间中储藏 24 小时后才能播种，而且浸过的种子需要干燥。

3. 培育健壮幼苗

育苗是农业种植中的重要工作。育苗移植是适应气候、节约利用土地和缩短成熟时间、提高产量的重要方法，也是预防和减轻病虫害的重要技术措施。育苗主要的方法有：苗床土壤消毒药物熏蒸法——就是把甲醛、溴甲烷等有熏蒸作用的药剂注入苗床土壤中，并在土壤表面用薄膜等覆盖物铺上，这样，药物产生的气体就在土壤中扩散，消灭病毒。土壤经过熏蒸后，等到药剂充分散发后就可以进行播种了。太阳能消毒——这种方法只适合高温季节，播种前把地翻平整好，用透明吸热薄膜在地上铺好，土壤的温度就可以达到 50~60℃，密闭 15~20 天，便可以消灭土壤中的各种病毒。毒土法——先用药剂和土搅拌成毒土，然后进行使用。如在整地后，每平方米苗床用 10 克杀毒矾拌细土 10 千克撒在地里，15 天后再整地。另外，施用石灰

也是常见的方法。应用育苗盘或营养钵育苗并带土移栽。这种方法可以有效避免在移栽时对幼苗根的伤害，阻止土传病害的感染，另外还能够抢季节、节省人力。育苗嫁接要选择生命力旺盛、抗性强的砧木嫁接，防治土传病害。如为防治西瓜、冬瓜和黄瓜的枯萎病，以葫芦瓤作为砧木，西瓜、冬瓜或黄瓜作为接穗，采用顶插育苗，然后用遮阳网和防虫网进行保护，可以防止蚜虫。

4. 田间管理

每种植物的生长发育时间都是比较固定的，在特定的区域，有其最适合生长的时期。在最适生长时期中，植物的生命力强、抗病性强，易实现优质高产的目标。如柑橘最佳栽植期为2—3月和9—10月，干湿季节鲜明的南亚热带气候类型区适合在雨季来临前种植；春天苹果苗木可以在发芽前种植，秋天可在落叶后种植；葡萄苗木从落叶之后到第二年春季萌芽前只要气温和土壤状况适合都可种植，我国北方冬季寒冷多在春天栽种，中部和南部冬季土壤不封冻，多在秋天栽种。蔬菜和大田作物播期在不同生态区域内有很大不同，有时受市场或当地不良气候的影响或者为躲避病虫害，播期会被调整。不合理的播期（定植期）会使植株生长衰弱，发生严重病虫害。按照不同植物品种的特点，做到合理密植，保持行间有良好的通透性、可以充分利用阳光、减少病虫害发生。在植株成长过程中可通过整形、修剪、引蔓等调整植株的生长，改变植株群体结构的生长环境。

（三）无公害农产品施肥技术

科学合理施肥是生产出优质高产农产品的保障，同时对于减少成本和维护农业环境的安全也有着很重要的作用。无公害农产品施肥技术包含肥料类型的选择、肥料用量的确定、施肥

时间、施肥方式等。无公害农产品肥料施用时要注意以下几点：根据相关法规、标准的要求使用合格的肥料，使用的肥料应该以有机肥为主，化学肥料为辅；严禁把工业垃圾、医院垃圾以及未经处理的污水污泥、城市生活垃圾和人畜粪便等作为直接肥料；污水污泥、城市生活垃圾、粉煤灰和人畜粪便等经过充分腐熟，符合相关标准规定，才可以使用。

1. 肥料选择

在无公害农产品的生产中，建议推广使用腐熟后的农家有机肥和经配制加工的复混有机肥，对于化肥要合理使用。腐熟后的厩肥、绿肥、饼肥、植物秸秆可以当作基肥使用，沼气肥水、腐熟人畜粪经过安全处理后可以当作追肥，但叶菜不能使用。在施肥过程中要重视氮、磷、钾和微量元素的合理搭配，推广使用专用多元复合肥。对蔬菜施肥禁止偏施氮肥，不能在叶菜生产中使用硝态氮肥。城市生活垃圾经过安全化处理，其质量符合《GB 317287 城市垃圾农用控制标准》要求后才能够使用，但应该合理使用，在无公害蔬菜生产中每年黏性土壤的使用比例禁止超过 3 000 千克/亩，沙性土壤不超 2 000 千克/亩。符合《GB 428484 农用污泥中污染物控制标准》规定的河塘泥可以当作基肥使用。对于微生物肥料要大力倡导。

2. 肥料施用量的确定

肥料的使用多少应该依据土壤养分状况和植物生长及产量的需要来决定。一般的做法是在测土配方施肥的前提下，运用平衡施肥的方法来确定合理的施肥量。

施肥量太多和太少都会影响作物的产量、质量以及植物的健康生长，例如，施氮肥太少，植株生长受抑制，会减产；施氮肥过多，可能导致肥害，发生烧苗、植物枯萎等情况。土壤中有大量的氨或铵离子，一方面氨经过挥发和空气中雾滴结合

第六章 农产品质量安全生产技术

产生了碱性的小水珠,灼伤作物,使植物的叶子出现焦枯斑点;另一方面,铵离子很容易在旱土上硝化,在亚硝化细菌的作用下变成亚硝铵,在气化之后形成二氧化氮气体,这种气体会威胁植株的健康,使植株的叶子上形成不规则水渍状斑块,叶脉间逐渐变白。除了这些,对某种肥料使用太多会阻碍到植物对其他养分的汲取。不科学地使用肥料还能够引起土壤理化性状恶化,如土壤板结,盐基离子大量积累而使土壤产生次生盐碱化,导致养分损失等。太多的肥料对环境、农产品和人类健康都具有潜在的威胁,如导致硝酸盐在植物体内积聚,化肥的养料被水体吸收后引起水体富营养化等。

3. 施肥时期

施肥的时间长短应该依据不同作物的营养生理特性、吸收肥料规律、土壤供肥能力等因素来确定。作物在成长发育过程中的植物营养临界期和营养最大效率期是作物施肥的两个关键时期。植物在营养临界期对于营养的需要并不太多,但却很重要,这一阶段,一旦缺乏营养植物生长就会被严重阻碍,过了这一时期,即便以后补施肥料也无法弥补造成的损失。作物的种类不同,它们的营养临界期也不完全一样,一般出现在植物生长的初期。植物在营养最大效率期对养分的要求,不管是在营养的量上还是吸收的效率上都是最高的,大多数植物的营养最大效率期在成长的中期出现,这也是植物生长最旺盛的时候。在这两个关键时期及时对作物施肥,是提高作物的质量和产量的根本保障。不同植物的植物营养临界期和营养最大效率期也都不一样,一般植物营养临界期大多数出现在植物生长的初期,如冬小麦在三叶期,玉米在五叶期;而大部分作物营养最大效率期是在成长的中期出现的,如对于氮的最大效率期,玉米是从大喇叭口至抽雄初期,水稻在分蘖期,小麦是从拔节到抽穗期。

4. 施肥方法

在作物生长发育的过程中,大部分作物都需要经过基肥、种肥、追肥三个阶段才能够满足自身的营养需求。阶段不同,施肥的方法也不一样。

(1) 基肥。基肥就是我们平时所说的底肥。在无公害作物的种植中,有机肥作为底肥在植物种植或移栽前结合土壤耕作使用,有机肥的施用量一般是总肥量的60%~70%,可以和化肥配合使用。有机肥的特点是分解慢、作用时间长,是迟效肥料,为了使肥效充分发挥和减少病虫害,需要经过堆沤处理后才能够使用,一般在种子或植株侧下方16~26厘米的地方施用。大田作物常见底肥的施用方法有撒施、条施、穴施、分层施肥等。果树的底肥施用方法较多使用放射状沟施、环状沟施、长方形沟施、全园撒施等。撒施是指在耕地之前,把有机肥均匀地撒在土壤中,然后用犁将其翻入土中。条施是指沿着植物种植行开沟施肥。穴施指的是先把肥料放入植物种植穴和土壤混合后,再播种(种植)的技术。分层施肥指的是结合深耕分别在土壤的不同层次施肥,以满足植物成长不同过程对营养的需要。果树施肥需要的肥量比较多,使用比较多的是沟施的方法,即把肥料施用在距树一定距离之外,一般把树冠作为中心,向树干外围挖放射状直沟、环状沟或长方形沟,沟的长度和树冠相一致,肥料施在沟中,然后覆土。

(2) 种肥。种肥的使用是为了给处于幼苗阶段的作物提供必要的营养。一般的做法是在植物播种或定植时,把肥料施在种子旁边或与种子混合施用。常用速效性化肥或经过腐熟的有机肥料作种肥。施肥的主要方法有拌种、浸种、盖种。拌种是把肥料和种子搅拌均匀后直接播种。浸种是在不同浓度的肥料液体中对种子进行浸泡,浸泡一段时间后,捞出种子,然后晾干,播种。盖种是把有机肥或颜色较深、重量较轻的肥料和土

第六章 农产品质量安全生产技术

混合在一起,然后覆盖在种子上。对种肥的不合理使用会引起烧种、烂种,种肥用量不能太多,因此,浓度太高、过酸、过碱或含有害物质的肥料和容易产生高温的肥料,都不能当作种肥。在土壤缺水时,不能使用种肥。除了浸种之外,肥料和种子应该保持一定的距离,不能直接放在一起。

(3) 追肥。追肥是在植物生长发育时期施用的肥料。追肥的主要肥料一般是速效性化肥,经过充分腐熟的有机肥料也可作追肥,但要进行深施;微量元素通过根外追肥的方法施用效果比较显著。追肥的方法有撒施、条施、穴施、随水灌施、根外追肥等。对果树进行追肥则主要采用环状施肥或放射状施肥。

(四) 无公害农产品病虫害防治技术

1. 基本原则

我国植保工作的总方针是"预防为主,综合防治",同时,这也是作物病虫害防治的基本原则。这个原则依据经济学和生态学,把有害生物当成自然生态系统的一个组成部分。有害生物和农作物在共同的环境下既相互依存也相互制约,在这种动态平衡中,有害生物不会自己消亡,也无法造成太大的作物损失,只有在自然系统不平衡时有害生物才可能猖獗一时,给作物带来严重的威胁。根据上述原理,在作物的生长过程中,我们必须从病虫害与环境及社会条件的整体观念出发,根据标本兼治、防重于治的指导思想,充分发挥自然因素的作用,因地制宜对病虫害采取环境治理、化学治理、生物防治或其他的有效手段,建立起一个系统的防治体系,将病虫害控制在最小危害范围内,使其对经济的影响减少到最小。

"预防"是作物病虫害防治中非常重要的一个环节,它有两方面的意思:一是通过检测措施防止危险性病虫害的传播和扩大,用于国外或国内局部地区发生的危险性病虫害;二是在病

虫害尚未发生时采取措施，把病虫害消灭在萌芽阶段或初发阶段。"综合防治"作为防治工作的科学管理系统也有两个含义：一是防治对象的综合；二是防治措施的综合。对象综合的意思是同一个措施尽可能防治多种病虫害。防治措施综合指的是多种防治手段有机结合起来，把环境治理作为基础，依据病虫害的不同特征，采用相应的技术和方法，注重各种手段的增效性和互补性，提升整体防治效果，以获得最大的经济、社会和生态效益。

2. **防治措施**

科学合理地调整寄主、病原物和环境因素三者之间的关系，才能够取得良好的防治效果。对农作物病虫害综合治理的主要方法有植物检疫、农业防治、生物防治、物理防治、化学防治。植物检疫是为了阻止危险性病、虫、杂草以及其他有害生物的传播，保障农业生产的安全以及出口贸易的发展，根据国家公布的法令和规定，对于农作物及其成品在调拨、运输和交易时，采取的一整套的检疫、检验措施。植物检疫是防治病虫害的特殊手段和方式。检疫针对的是对经济造成重大影响而又很难防治的，主要通过人为传播的，国内或地区内还没有发生或分布范围比较小的危险性病、虫、杂草等。环境因素和农业防治病虫害的发生、发展有着很紧密的联系。农业防治就是对农业生产过程中各种技术环节进行适当改造，建设有助于作物生长，阻止病虫大量繁殖的条件，以此来减少或者避免病虫害的发生以及危害。一些农业措施本身就可以有效消灭病虫害。农业防治包含抗病品种的选择、合理的耕作制度、科学的肥水条件以及强化田间管理等方面的措施。生物防治是运用对作物有益的生物及其产物来阻止疾病、害虫的生存或活动，从而降低病虫害影响的防治方法。生物防治因其对环境无污染，对人畜安全，正在受到人们越来越多的重视和运用。生物防治包括以虫治虫、

第六章 农产品质量安全生产技术

害虫天敌治虫、生物绝育治虫和基因工程防治病虫等。

物理防治是运用各种物理因素、人工或机械对病虫害进行防治的技术。物理防治运用比较容易，负面影响小，但人工或机械方法大部分比较落后，效率不高。化学防治是运用化学药剂对病虫害进行防治的技术，是当前最普遍的防治技术。化学防治具有收效快、防治效果明显、使用方便、受地区及季节性的影响较小、能够大范围使用、有利于实现机械化、防治对象广泛、试剂可以大批量生产等优点。但同时也具备一些缺点，化学防治如果使用不合理，会对环境和农产品形成污染，而且长时间使用会加大作物抗药性。为了安全、经济、有效地运用化学防治，达到防治病虫害的效果，就一定要掌握病虫害的发生规律、特征特性、农药的基本知识，合理进行化学防治。

3. 病虫害防治技术

(1) 农业综合防治。防治病虫害的主要方法之一就是种植抗病性强的作物，相较其他病虫害的防治方法，这种方法的优点是效果稳定、简单易行、经济、环保、有利于保持生态平衡等。统一规划布置和科学安排作物的轮作时间，能够减少病虫害的发生频率和来源。轮作对作物的健康成长非常有好处，可起到恶化病虫害营养条件的作用，这一方法对遏制单食性和寡食性害虫尤其有效，进行水旱轮作能够有效降低病虫害的发生。合理灌溉与施肥。科学灌溉和施肥能够提升作物的营养条件，提高作物的抗病性，而且可使受害植株迅速恢复健康。如对氮的过量使用，会增加食叶性害虫危害；在干燥的秋天经常浇水，可减轻蚜虫、螨类的危害。加强对产地的管理：对杂草和残枝败叶、病果等要及时进行清理，或者统一深埋销毁，从而破坏病虫害的栖身繁殖场所，切断传播途径。

(2) 生物防治。生物防治法的优点是对人畜和农作物安全，对于天敌和有益的生物都没有危害，环保，效果持久。缺点是见效慢，作用范围比较小，容易受天气限制。生物防治的主要方式如下。

①微生物的利用。比较常用的有对细菌、真菌、病毒和能分泌抗生物质的抗生菌的运用。如苏云金杆菌可以在害虫新陈代谢过程中分泌一种毒素，使害虫摄入后出现肠道麻痹，导致四肢瘫痪，无法进食，苏云金杆菌对于玉米螟、稻苞虫、棉铃虫、烟素虫、菜青虫均都有很好的效果；有些细菌在进入害虫血腔后，开始大量繁殖，最终导致害虫死于败血症。

②天敌的利用。运用寄生性天敌和捕食性天敌防治。害虫的天敌非常多，包含昆虫（寄生性和捕食性昆虫）、螨类（外寄生螨和捕食性螨）、蛙类、鸟类和微生物天敌资源等。

③运用昆虫激素防治害虫。如保幼激素可以影响害虫的正常生长发育，性外激素可以影响害虫繁殖或对害虫进行诱杀，Bt乳剂可以导致昆虫无法繁殖，在防治食叶性害虫上，具有非常好的效果。

（3）物理防治。设施防护就是用防虫网、遮阳网、塑料薄膜等对作物进行遮盖，对作物进行避雨、遮阳、防虫栽培，可以减少病虫害的发生。人工机械捕杀就是对病株、病叶、病果进行人工清除，可扒开被害株和附近土壤对害虫进行捕杀。诱杀与驱避如运用害虫的趋光性用灯光对害虫进行诱杀；此外，还有潜所诱杀，就是运用害虫选择一定条件潜伏的特性进行诱杀，如针对黏虫成虫喜欢在杨树上潜伏，可在一定范围内放置一些杨树枝条，诱其潜伏，集中捕食饵引杀就是把害虫喜欢的食物作为诱饵，引诱害虫，然后集中消灭。色板诱杀就是在棚室里安放涂有黏液或蜜液的黄色板引诱蚜虫、粉虱类害虫，让其粘到板上。驱避就是将银灰色的遮阳网安放在棚室上或是在产地中挂一些银灰色条状农膜，都可以达到驱逐蚜虫的作用。太阳能高温消毒、灭病灭虫。种植者经常使用的是高温闷棚或

第六章 农产品质量安全生产技术

烤棚,在夏天休闲期间,对大棚进行覆盖然后密封,在晴天闷晒增温,这样最高温度可以达到60~70℃,闷棚5~7天,可以有效消灭土壤中的多种害虫。

晒种、温汤浸种。在播种和浸种催芽前先把种子晒2~3天,太阳的照射可以消灭种子上的病菌。茄、瓜、果类的种子用55℃温水浸泡5~10分钟,可以有效消灭细菌;用10%的盐水浸种10分钟,可以消灭芸豆、豆角种子里的菌核病残体和病菌。然后再对种子进行清洗,播种,可防菌核病,用这种方法对种子的线虫病也有很好的防治效果。臭氧防治,运用臭氧发生器防治病虫害。喷洒无毒保护剂或保健剂。用巴母兰400~500倍液对作物叶面进行喷洒,可在叶子表面上形成高分子无毒酯膜,从而减少污染;对叶面喷施植物健生素可提高植株抗病虫害的能力,且安全环保。

(4)化学防治。化学防治的主要方法有种苗处理、土壤处理、植株喷药、烟雾熏蒸等。种苗处理就是用药剂对种子、苗木、插条、接穗等进行处理,消灭种苗内外的细菌、害虫,或对种苗施药以保护种苗不被病原物侵袭,主要的方式有拌种、浸种、闷种等。土壤处理就是把有挥发性或熏蒸作用的药剂施放在土壤中,以此消除土壤中的细菌和害虫,保护幼苗免受侵染,主要的方式有穴施、沟施、浇灌、毒土等,施药时间分为播前施用、播后施用、生长期施用等。最常用的施药方法是植株喷药,其中又分为喷雾与喷粉两种方法,施药时应严格按照说明配药,对于药品的种类、剂量、施药时间和频率要严格进行控制,防止药害和对作物的污染。烟雾熏蒸通常都是在大棚中进行,施药的时候应该对棚室进行密封,以增强药效,要注意不要产生明火,点燃后施药者要尽快离开,以免中毒。

(5)科学合理施用农药。

①农药的选用。无公害种植中所使用的农药应当是无毒或

者低毒、容易分解、对环境和农产品没有污染、高效、残留低、安全的农药。比较常见的无公害农药包括生物源农药、矿物源农药以及有机合成农药。生物源农药指的是直接运用生物活体或生物代谢过程中形成的具有生物活性的物质或从生物体提炼的物质作为防治病虫害或其他有害物质的农药。生物源农药又可以分成植物源农药、动物源农药和微生物源农药，如苏云金杆菌（Bt）、除虫菊素、楝素、阿维菌素等生物碱。矿物源农药是从矿物中提取有效成分的无机化合物的总称。主要包括硫制剂、铜制剂、磷化物，如硫酸铜、波尔多液等。在农药的施用中，有机合成农药是应用最广泛的，种类很多。毒性低、残留少及使用安全的有机合成农药是无公害农业生产中被允许使用的农药。无公害农业生产中禁止使用毒性强、残留多以及具有三致毒性（致癌、致畸、致突变）的农药，主要包括：六六六、滴滴涕、西力生等。

②对症下药。按照病虫害的特点选择适合的药剂种类和剂型。应该按照具体防治的病虫害选择适当的农药，不能用一个农药来防治所有的病虫害，也不能用一种除草剂来清除所有作物田里的杂草，更不能用除草剂来防治病虫害。如针对咀嚼式口器害虫，如鳞翅目害虫，施用的农药应该选择触杀、胃毒剂；针对刺吸式口器和钻蛀性害虫，适合施用内吸性药剂。美曲膦酯对防治小地老虎有很明显的效果，但对于蚜虫、螨类等防治效果却不大好；对蚜虫的防治要用乐果；杀虫双对于水稻螟虫有很好的效果，对于稻飞虱和叶蝉却作用不大，而异丙威（叶蝉散）对稻飞虱和稻叶蝉都有很好的防治作用，但对稻螟虫的效果不大好；丁草胺对于清除稻田的稗草效果明显，对阔叶杂草的作用不大，而苄嘧磺隆却对阔叶杂草效果很好，对稗草的作用比较小。

③适时用药。在防治的最佳时间段进行施药，可以用少量

第六章 农产品质量安全生产技术

的农药达到较好的防治效果。因为害虫的习性和危害期不一样,所以对其进行防治的最佳时间段也各不相同,如对于烟青虫在幼虫2~3龄时施药的效果最好,随着幼虫的成长,抗药性也不断加强,施药量也只能随之增加。而当烟青虫进入果实里面,防治起来就更难了。如果施药的时间太早,因为农药的有效期是有限的,这就可能导致只消灭了先孵化的害虫,而后孵化的害虫却依然为害,最终只好再进行一次施药。再如用菊酯类药剂防治棉铃虫、红铃虫时,应该在卵孵化盛期,幼虫蛀入蕾、铃之前施药。幼虫一旦进入蕾、铃后再进行施药,效果就会很差。用代森锌防治麦类锈病应在发病初期开始施药,疾病发作后再施药效果就会很差,因为代森锌的作用是保护,没有治疗作用。适量施药。在使用农药时应该按照施药作物的种类、生育期、病虫害的发生量以及环境因素来决定农药的施用量。虫龄和杂草叶龄的不同,对农药的敏感性也会有所区别,对低龄幼虫的防治需要的施药量小,虫龄越大需要的药量就越多;防治抗药性差的害虫药量少,防治抗药性强的害虫药量大;病、虫、草害发生的频率高时,用药量应该增多;发生的频率低时,用药量就可以适当减少。此外,适宜的施药量还受到环境因素制约。如为了达到同样的效果,除草剂在土表干燥、有机质含量高的土壤中的使用量就要高于在湿润、有机质含量低的土壤里的使用量。单位面积的施药量因作物的大小不同而有所差别,单位面积的施药量应该依据作物植株的大小和发病的位置来决定,苗期的作物小,施药就少,成株期的作物大,施药就多。一般情况下,喷施的农药以叶片完全被药液覆盖,而又不下滴为佳。一定要严格按使用说明书对除草剂进行使用,不得任意加大或降低用药量,因为除草剂使用的太少,杀不死杂草;使用的太多,又可能威胁作物,甚至使作物死亡。

④避免产生药害,科学混用药剂。各种农药各有优缺点,

两种以上农药配合使用，经常可以互补缺点，发挥所长，起到增效作用或兼治两种害虫的效果。但在配合使用时，要注意两种农药配合后是否会发生化学反应，使用不当也会降低药效，对农作物形成危害。合理轮换用药，长期单一使用某一种农药，容易引起病、虫、草产生抗药性，或者杂草发生改变，影响药剂的效果。不同的农药配合使用，可防治或延缓病、虫、草抗药性的产生和杂草群落的改变，提升施药的效果。

⑤合理选择环境条件施药。施药效果的好坏受天气条件的影响，一般无风或微风的天气适合施药，不要在高温天气施药，以阴天或傍晚施药效果最好。

⑥采用正确的施药方法。施药的时候，应该按照不同农药的性质、防治对象和环境条件选择相对应的施药方法。如对于地下害虫的治理，可用拌种或制成毒土进行穴施或条施；甲草胺只能在土壤中使用，而不能对茎叶进行喷雾；而草甘膦只能用来进行茎叶喷雾，而无法在土壤中使用。药物的主要使用方法有喷粉法、颗粒撒施法、喷雾法、种苗处理法、熏蒸法等。喷粉法需要相关的仪器对药粉进行喷洒，这种方法药粉漂移损失的比较多。颗粒喷施法经常使用药剂粒径200~2 000微米的固体制剂，施药时药料不会漂移损失，较为安全、省力。喷雾是利用压力或旋转离心力使药液呈雾状分散的喷洒技术，喷洒较均匀，使用手动式喷雾仪器时喷药量和喷雾细度经常受到操作熟练程度制约。对于防治种苗携带和土传病害，经常使用的技术是种苗处理法，主要的方法有拌种法、浸种法、包衣等。熏蒸法需要在密封的容器或空间中施用，熏蒸后应将药剂排放或稀释到安全浓度，之后人才可以进入。此外，还有灌根法、毒饵法、涂抹法等。

⑦保证施药质量。要求施药全面均匀，叶片正反面都要进行施药，尤其蚜虫、红蜘蛛等害虫经常寄生在叶片背面，施药

不合理，效果就不好，更要杜绝丢行、漏株现象的发生。

二、无公害家禽生产技术

（一）饲养管理技术

1. 鸡场环境

鸡场周边的环境、空气质量除了要符合 NY/T 388 标准外，还需要满足以下的条件：鸡场周边 3 千米内没有大型化工厂、矿厂或其他畜牧场等污染源；鸡场和干线公路的距离应该在 1 千米以上，鸡场和村、镇居民点的距离也应该在 1 千米以上；在饮用水源、食品厂上游禁止建立鸡场。

2. 禽舍环境

鸡舍里面的温、湿度环境应该能够满足鸡不同阶段的需求，以减少鸡群发生疾病的危险。鸡舍空气中的有毒有害气体含量应该符合 NY/T 388 标准。鸡舍空气中的灰尘应该在 4 毫克/平方米以下，微生物数量应该在 25 万/平方米以下。

3. 场地布置

鸡场中的净道和污道要进行分离。要使用绿化带把鸡场的周边进行隔离。实行全进全出制度，至少每间鸡舍饲养同一日龄的同一批鸡。鸡场的生产区、生活区要隔离，小鸡、成年鸡要分开饲养。鸡场也应该有对于鸟类的防范设备。鸡舍地面和墙壁应该容易清洗，并对酸、碱等消毒药液具有耐受性。

4. 饲养条件

（1）水质要求。水质符合 NY 5027 标准，对于饮水设备要经常清理消毒，防止细菌滋生。

（2）饲料和饲料添加剂。使用的饲料要符合无公害标准。额外添加的维生素、矿物质添加剂要符合 NY 5042 标准。在饲

料中不要额外添加增色剂,如砷制剂、铬制剂、蛋黄增色剂等。不要喂养不安全的饲料。

5. 兽药使用

在雏鸡、育成鸡前期为防治疾病使用的药品,应该符合 NY 5040 标准。在育成鸡后期(产蛋前)应该禁止用药,不同药品的停药时间的长短也不同,但至少应该保障产蛋开始时药物的残留量符合要求。一般情况下,产蛋阶段禁止使用任何药品,包括中草药和抗生素。如果产蛋阶段发生疾病需要使用药物时,在用药的开始和结束后的一段时期内(取决于所用药物,并符合无公害食品蛋鸡饲养用药规范),产的鸡蛋不能作为食品蛋出售。

6. 消毒制度

(1) 环境消毒。鸡舍周边的环境每 2~3 周都要进行一次 2% 火碱液消毒或撒生石灰;每 1~2 个月用漂白粉对鸡场周边和鸡场里面的污水池、排粪坑、下水道口进行一次消毒。在鸡场门口设消毒池,使用 2% 火碱或煤酚皂溶液进行消毒。

(2) 人员消毒。在进去鸡场前,工作人员要经过洗澡、换衣服和紫外线消毒等措施。

(3) 鸡舍消毒。在进鸡或转群时要对鸡舍进行彻底地打扫清理,然后用高压水枪冲洗,再用 0.1% 的新洁尔灭(苯扎溴铵)或 4% 来苏水(甲苯酚)等消毒液对鸡舍进行全面地清洗,清洗完毕后关闭鸡舍用福尔马林(甲醛)熏蒸消毒。

(4) 设备消毒。对蛋箱、蛋盘、饲料器等设备要按时进行消毒,可再用 0.1% 新洁尔灭(苯扎溴铵)或 0.2%~0.5% 过氧乙酸消毒,密闭鸡舍,然后用福尔马林(甲醛)熏蒸消毒半小时以上。

(5) 带鸡消毒。按时进行带鸡消毒,有助于消灭鸡舍中的

微生物和空气中的可吸入颗粒物。经常使用的消毒剂包括0.3%过氧乙酸、0.1%新洁尔灭（苯扎溴铵）、0.1%次氯酸钠等。带鸡消毒要求在没有鸡蛋的鸡舍中实施，防止鸡蛋被药液污染。

7. 饲养管理

(1) 饲养员。工作人员应该按时进行身体检查，有传染病的人禁止从事养殖工作。

(2) 加料。每次添加的饲料量要合理，尽量保持饲料的新鲜性，防止饲料变坏。

(3) 饮水。饮水设备不要漏水，避免弄湿垫料和粪便。饮水设备要按时进行清洗和消毒。

(4) 鸡蛋收集。存放鸡蛋的设备要经过消毒。工作人员集蛋前要对手进行消毒。集蛋时将破蛋、砂皮蛋、软蛋、过小、过大的鸡蛋独自存放，不作为食品蛋销售，但可用于蛋品加工。鸡蛋在鸡舍中存放的时间越少越好，从鸡蛋产出到在蛋库存放的时间禁止超过2小时。鸡蛋采集后立即用福尔马林（甲醛）进行熏蒸消毒，消毒后送到蛋库存放。鸡蛋的质量要符合蛋卫生 GB 2748 和鲜鸡蛋 SB/T 10277 标准。

(5) 鸡蛋包装运输。鸡蛋的存放可以使用一次性纸蛋盘和塑料蛋盘。存放鸡蛋的用具在使用前应该进行消毒。纸蛋托盛放鸡蛋要使用纸箱包装，每箱10盘或12盘。纸箱可以多次循环利用，使用之前要用福尔马林（甲醛）熏蒸消毒。运送鸡蛋的设备要使用封闭货车和集装箱，鸡蛋不能直接暴露在空气中运输。在运送之前对于运送的车辆要彻底进行消毒。

(6) 废弃物处理。鸡场垃圾经过无害化处理后可以当作农业用肥。处理的方式有堆积生物热和鸡粪干燥处理法。不能把无害化处理后的鸡场垃圾作为其他动物的饲料。孵化厂的副产品无精蛋禁止作为鲜蛋销售，可以当作加工用蛋。孵化厂的副产品死精蛋可以用来制作动物的饲料，但不能作为人们的食品加工用蛋。

(7) 病、死鸡处理。对于死于传染病和因病被杀死的鸡，应该遵循 GB 16548 标准进行无害化处理。鸡场禁止销售病鸡、死鸡。有救治价值的病鸡要隔离饲养，由兽医进行治疗。

(8) 资料。每批鸡都应当有齐全的记录资料。资料的内容应该包含引种、饲料、用药治疗等和饲养日记。资料保存期 2 年。

(二) 饲料生产技术

1. 饲料原料

饲料感官上应该具备一定的新鲜性，具备该品种应有的颜色、气味和组织形态特点，没有发霉、变坏和异味。有害物质和微生物的数量应符合 GB 13078 和相关标准的规定。

饲料原料中如果加入饲料添加剂，应做相关的说明。应以玉米、豆饼粕作为蛋鸡的主要饲料。杂饼粕的使用量要合理，不要太多。禁止把制药工业副产品作为蛋鸡饲料原料。

2. 饲料添加剂

饲料添加剂在感官上具备该品种应有的色、嗅、味和组织形态特征，没有异味、有毒物质以及微生物数量应符合 GB 13078 及相关标准的规定。饲料中使用的营养性和一般性饲料添加剂应该是农业农村部公布的批准使用的饲料添加剂。使用的饲料添加剂要求是取得饲料添加剂产品生产许可证的企业生产的、拥有产品许可文号的产品。饲料添加剂的使用应该遵循产品饲料说明所规定的方法、用量使用。产蛋期和产蛋前的 5 个星期内禁止使用药物饲料添加剂（除有特殊规定的中草药外）。

3. 其他要求

严禁使用违禁药物和药物饲料添加剂。感官上颜色应该统

第六章 农产品质量安全生产技术

一,没有霉变、起块和异味。有害物质和微生物数量应符合GB 13078 和相关标准的规定。产品成分保证值应当符合标签和相关标准所规定的含量。使用时应根据产品饲料标签所规定的使用方法、用量进行使用。应该多使用植酸酶,少用无机磷。

4. 饲料加工过程

(1) 卫生要求。饲料厂的工厂设计和设备卫生、工厂卫生和生产过程中的卫生应该符合 GB/T 16764 的标准。

(2) 配料。按时对计量设备进行检查和正常维护,以确保其精确性和稳定性,其误差不能大于规定标准。微量和极微量组分应当进行预稀释,并且应在专门的配料室内进行。配料室进行专门管理,保持卫生整洁。

(3) 混合。混合时间的长短应该根据仪器的性能,不少于规定的时间。混合工序投料应按照先多后少的原则进行。投入的微量组分应稀释到配料最大称量的5%以上。在生产药物饲料添加剂时,应该根据药物的种类,先生产低药物的饲料,再生产药物含量高的饲料。如果是在同一班次,不添加药物饲料添加剂的饲料应该优先生产,然后生产添加药物饲料添加剂的饲料。为了预防加入药物饲料添加剂的饲料在产品的生产过程中形成交叉污染,在生产包含不同药物添加剂的饲料产品时,对相关的生产设备、工具、容器都应当进行全面清理和消毒。

(4) 留样。新接收的饲料原料和不同批次生产的饲料产品都应该对样品进行保存。样品密封后在专用样品室或样品柜中保存。样品室和样品柜应该保持凉爽、干燥,采样方法应该符合 GB/T 14699 的规定。留样应该配有标签,标明饲料种类、生产日期、批次、生产负责人和采样人等信息,并建立档案指派专人负责保管。样品应保留到该批产品保质期满后3个月。

(三) 疾病防治

1. 疾病预防

(1) 蛋鸡场卫生控制。蛋鸡场的地址、仪器设备、鸡场布局、环境卫生等都要符合 NY/T 5043 和 NY/T 388 标准的要求。蛋鸡场应当遵守"全进全出"原则，只从健康种鸡场引进鸡。在每批鸡出栏后，要对整个鸡场进行全面清理和杀毒。蛋鸡场里的禽饮用水应符合 NY 5027 标准。应当按照 NY/T SCMS 标准对蛋鸡进行饲养管理。蛋鸡饲养使用的饲料应当和 NY 5042 的规定相符。蛋鸡场的消毒和无害化处理应符合 GB/T 16569 和 GB 16548 标准的要求。

(2) 用药控制。在蛋鸡整个成长发育和产蛋过程中所采用的兽药、疫苗应该与 NY 5040 的标准相一致，并按时进行监督检查。

(3) 驱虫要求。每年春秋两季对整个鸡群进行驱虫，用药要符合 NY 5040 标准。

(4) 工作人员管理。工作人员要按时进行健康检查，取得健康合格证后才可以上岗，在工作中要严格根据 NY/T 5043 的要求进行操作。

(5) 免疫接种。免疫接种蛋鸡场应依据《中华人民共和国动物防疫法》及其配套法规的规定，结合蛋鸡场的实际情况，对疫病的预防接种工作有选择地进行，并注意选择适合的疫苗、免疫程序和免疫方法。

(6) 疫病监测。蛋鸡场应依照《中华人民共和国动物防疫法》及其配套法规的规定，结合蛋鸡场实际情况，制订疫病监测计划。对蛋鸡场疫病的常规监测最少应该包含：高致病性禽流感、鸡新城疫、禽白血病、禽结核病、鸡白痢与伤寒。除了以上疾病外，还应该依据蛋鸡场实际情况，对其他一些必要的

第六章 农产品质量安全生产技术

疾病进行监测。依据蛋鸡场的实际情况,由疫病监测机构定时或不定时进行疫病的监督抽查工作,并将抽查结果上报当地的畜牧兽医行政管理机构。

(7) 疫病控制和扑杀。在蛋鸡场发生疫病或疑似疫病时,应该按照《中华人民共和国动物防疫法》规定及时采取以下措施:蛋鸡场中的兽医应该立即进行诊断,并尽快向当地畜牧兽医行政管理部门报告疾病情况。对于确认的高致病性禽流感,蛋鸡场应配合当地畜牧兽医管理机构,对鸡群实施严格隔离、扑杀;鸡新城疫、禽白病、禽结核病等疫病发作时,应该对鸡群实施清理和净化;对全场进行全面清洗消毒,病死或失去治疗价值的鸡要按 GB 16548 标准进行无害化处理,按 GB/T 16569 标准进行消毒。鸡蛋中不能检查出以下病原体:高致病性禽流感、大肠杆菌 0157 李氏杆菌、结核分枝杆菌、鸡白痢与伤寒沙门氏菌。没有通过检疫检验的病鸡所产的蛋应根据 GB 16548 的规定进行处理。

(8) 资料记录。每群蛋鸡都应该有相对应的资料记录,记录的内容应该包含:鸡的种类、来源、饲料消耗量、生产水平、发病情况、死亡率及死亡原因、无害化处理、实验室检验及其结果、用药和疫苗免疫情况。所有记录应在清群后保存两年以上。

2. 疾病治疗

(1) 药物使用原则。鸡的养殖环境应该符合 NY/T 388 标准。使用的饲料和用水应该与 NY 5042 及 NY 5027 标准符合。应该根据 NY/T 5043 的规定加强饲养管理,运用各种手段减少应激,提升鸡的免疫力水平。应该根据《中华人民共和国动物防疫法》和 NY 5041 的要求对鸡进行免疫,建立严格的生物安全体系,降低鸡的发病率和死亡率,努力降低化学药品和抗生素地使用量。鸡的疫病要以预防为主,必要时,经准确诊断后

用药。对疫病进行预防、诊断和治疗的过程中，所使用的药品必须符合《中华人民共和国兽药典》《中华人民共和国兽药规范》《兽药质量标准》《兽用生物制品质量标准》《进口兽药质量标准》和《饲料药物添加剂使用规定》的相关规定。所使用的药品必须产自拥有《兽药生产许可证》和产品批准文号的企业，或者具有《进口兽药许可证》的供应商。所使用药品的标签必须符合《兽药管理条例》的标准。

（2）禁用药。严禁使用有致畸、致癌、致突变作用的兽药；严禁使用长时间添加药物的饲料；严禁使用没有经过农业农村部允许的或者已经淘汰的兽药；严禁使用严重污染环境的兽药；对激素类和其他有激素作用及催眠镇静类药物要严禁使用；禁止使用没有经过国家畜牧兽医行政管理部门允许的利用基因工程方法制造的兽药。

（3）安全合理用药。

①对鸡蛋的免疫必须使用与《兽用生物制品质量标准》和NY 5041 标准相符的疫苗。

②对饲养环境和仪器的消毒可以使用消毒防腐剂。但禁止使用酚类消毒剂，禁止在产蛋期使用醛类消毒剂。

③《中华人民共和国兽药典》二部中规定的针对鸡的兽用中药材、中药成方制剂可以在兽医的指导下进行使用。但在产蛋期用药时应考虑残留性对鸡蛋的影响。

④可以在兽医的指导下使用符合《中华人民共和国兽药典》《中华人民共和国兽药规范》《兽药质量标准》和《进口兽药质量标准》规定的常量、微量元素营养药、电解质补充药，维生素类药和助消化药。

⑤可以使用国家兽药管理部门允许的微生态制剂。

（4）档案管理。

①对无公害食品蛋鸡饲养使用兽药的全部过程都要有详细

的记录。在清群以后,所有的记录都应该保存两年以上。

②建立并保存免疫程序记录,包含疫苗类别、使用方法、数量、批号、生产单位。

③建立并保存患病动物防治记录,包括发病时间和症状、防治过程、药物品种、使用方法、药物名称、治疗效果等。

三、无公害水产品的生产技术

无公害水产品的生产技术包含水产品生产过程中的一整套环节,是一个统一的整体。

(一)产地选择

水产养殖场应该建立在当地的渔业和养殖规划区域中,以及上风向和水源的上游,周围没有影响场地安全的污染源;工业"三废"及农业、城镇生活、医疗废弃物等污染源应该不能或者无法直接影响到产地的环境;建场以前的土地使用,重金属、杀虫剂和除草剂(特别是长效化学剂)的残留量等应当符合水产养殖的标准。

无公害水产品产地生态环境质量应符合无公害水产品、渔业用水质量、大气环境质量和渔业水域土壤环境质量等标准。无公害水产品使用水的质量应该和《NY 5051—2001 无公害食品淡水养殖水质》《NY 1050—2001 无公害食品海水养殖水质标准》的标准相符合。无公害水产品生产对大气环境质量制定了对总悬浮颗粒物(TSP)、二氧化硫(SO_2)、氮氧化物(NO)的限制值。针对渔业水域地环境质量中的重金属和农药的含量也做了相关规定。

(二)生产技术规范

无公害水产品生产技术规范包含的内容有饲料、药品、肥料的使用、生产过程的质量管理和包装的工艺等。无公害水产

品生产过程中药品、饲料、肥料的使用是影响水产品质量的主要因素，错误地使用不但会严重破坏环境，还会引起水产品中的有毒物质残留量不符合标准。

1. 鱼药使用规范

对人体健康和生态环境没有威胁是鱼用药物使用的基本要求。"全面预防，积极治疗"是养殖过程中对病、虫害防治的基本指导思想。在病虫害的防治中，我们要重视"防重于治，防治结合"的原则。鱼药使用应该和国家有关部门的规定相符合。倡导使用高效、快速、长效以及安全、经济的鱼药。对于没有生产许可证、批准文号以及没有生产标准的鱼药要杜绝使用。鱼药的使用应该与《NY 5071—2002 无公害食品鱼用药物使用准则》的要求相符，对于毒性强、残留多或者具有"三致"（致癌、致畸、致变态）的鱼药禁止使用，严重破坏水域环境而又使其难以恢复的鱼药要严厉禁止使用。禁止直接向养殖水域排放抗生素，禁止把新研制的人用药品作为鱼药的成分。严禁使用的鱼药有地虫硫磷、六六六、林丹、毒杀芬、滴滴涕等药品。

鱼药使用时应注意以下几个问题。

（1）对症下药。针对水产动物疾病和它们的特点，做到对症用药，杜绝滥用鱼药和盲目加大用药量、增加用药次数或加大用药时间。

（2）合理用药。对药物的性质和作用、药物对环境的影响以及鱼类对药物的反应特点有科学认识，合理使用药物。

（3）控制用药。为了保障水产品的质量和养殖场地良好的生态条件，对药物的用量应该进行控制。倡导生态综合治理和使用水产专用药、生物性鱼药等对病虫害进行治理。当前，经常被用在防治细菌、病毒性水产养殖动物疾病和改善水域环境进行整池泼洒的鱼药有氧化钙（生石灰）、漂白粉、二氯异氰尿

第六章 农产品质量安全生产技术

酸钠等。杀灭和控制寄生虫性原虫病的鱼药主要使用的有氯化钠（食盐）、硫酸铜、美曲膦酯等。用于内服的主要药品有土霉素、噁喹酸、磺胺嘧啶和磺胺甲恶唑等。经常使用的中草药有大蒜、黄柏、五倍子、苦参等，中草药可以全池泼洒或者和饲料搅拌后一起内服。在稻田养殖无公害水产品的过程中对病、虫、草、鼠等有害生物的预防和治理要按照"预防为主、综合防治"的规则，对于化学农药要尽量少用，应该多用高效、低毒、残留少的农药，具体的使用标准应该参考《无公害食品稻田养色技术规范（NY 5055—2001）》《稻田养鱼技术规范（SC/T 1009—2006）》。在对稻田养殖使用药品前应该先升高稻田的水位，使用分片、隔日喷雾的施药方法，尽量避免药液落入水中，如果出现鱼类中毒倾向，要马上换水抢救。

2. 饲料使用规范

饲料是水产养殖的重要资料，为了保障水产品的质量，饲料的质量安全必须要给予足够的关注。我们所说的饲料安全，通常指的是饲料产品（包含饲料和饲料添加剂）中对水产养殖动物的健康没有损害，而且不包括污染水质的有害物质，不会影响人们的身体健康或对人类的生存环境没有不良影响。无公害水产养殖所用饲料应该和《GB 13078—2002 饲料卫生标准》以及《NY 5072—2002 无公害食品鱼用配合饲料安全限量》的规定相符。鱼用配合饲料的质量包含感官、物理指标、营养以及卫生四个指标，具体的要求是：感官上要求色泽统一，具有该饲料的固有气味，没有异味，没有发霉、变坏、结块等情况，没有鸟、鼠、虫污染，没有杂质。鳝、鳅、鳗鱼等食用的饲料经过加水搅拌后拥有很好的伸展性和黏弹性。物理指标粉料粒度：要求98%通过40目筛孔，80%通过60目筛孔。同时粉碎力度也是个重要指标，粒度过大，和胃液就不能很好接触，导致不容易消化，同时也会影响颗粒饲料的黏合性能，水稳定性差；

但粒度太小，则会产生很多粉尘，破坏环境，加大耗电量，使生产成本升高。混合均匀度：对虾和一般鱼饲料的要求是≤10%，鳝、鳅、鳗鱼饲料要求在8%以下。没有均匀混合的饲料，会阻碍动物的成长，减弱饲料的效果，甚至可能导致死亡。水稳定性：鱼、饲料在水中可经受三个小时的浸泡即可，饲料散失率要求小于3.0%。

营养指标主要指粗脂肪、必需脂肪酸、粗蛋白等养殖动物生长所需求的能量在饲料中的含量。卫生指标：饲料的卫生指标不但关系动物的成长和饲料利用率，而且也影响着人类的健康。威胁饲料质量的各种有害物质包括：有害微生物，如霉菌、沙门菌等致病菌；有毒重金属，如汞、铅等；有毒的有机物，如棉酚农药残留物等。

3. 肥料使用规范

在养殖水体中使用肥料是提高水体生产能力的重要方法，但如果操作不当（如过量）就会造成对水体的污染，导致养殖水体的富营养化。肥料的种类可以分为有机肥和无机肥，肥料的使用应该以腐熟有机肥为主、化肥辅助，以基肥为主、追肥辅助。有机肥的分解比较慢，但肥力的效果也会持续很长时间，可以在水稻较长的生长阶段内对其提供必要的养分，同时投放的饲料可以作为鱼类天然饵料的一部分，满足鱼类生长需要。没有发酵的有机肥施入田地后要消耗大量氧气，同时产生硫化氢、有机酸等有害气体和物质，如果数量太多会威胁到鱼类的安全。允许使用的有机肥料包括：堆肥、沤肥、绿肥、发酵粪肥等；允许使用的无机肥料包括：尿素、硫酸铵、复合无机肥料等。肥料的使用方法和标准可以根据《中国池塘养鱼技术规范（SC/T 1016—1995）》的规定。

4. 无公害水产品质量标准

无公害水产品质量要求包含水产品的感官指标、鲜度指标

第六章　农产品质量安全生产技术

及安全卫生指标。安全卫生指标详细标准可以依据《NY 5073—2001 无公害食品水产品中有毒有害物质限量》和《NY 5070—2002 无公害食品水产品中鱼药残留限量》等规定。水产品在投入市场之前，应该进入休药期。一些常用药物的休药期为：漂白粉大于 5 周，二氯异氰尿酸钠、三氯异氰尿酸、二氧化氯大于 10 周等。

第三节　有机食品生产技术

一、农作物生产

- 栽培的种子和种苗（包括球茎类、鳞茎类、植物材料、无性繁殖材料等）必须来自认证的有机农业生产系统。它们应当适合当地土壤及气候条件，对病虫害有较强的抵抗力。选择品种时应注意保持品种遗传基质的多样性，不使用由基因工程获得的品种。
- 严禁使用化学物质处理种子。在必需进行种子处理的情况下，可使用允许的物质和材料，如各种植物或动物制剂、微生物活化剂、细菌接种和菌根等来处理种子。
- 用于有机作物和食品生产的微生物必须来自自然界，不使用来自基因工程的微生物种类。
- 严禁使用人工合成的化学肥料、污水、污泥和未经堆制的腐败性废弃物。
- 在有机农业生产系统内实行轮作，轮作的作物品种应多样化。提倡多种植豆科作物和饲料作物。
- 主要使用本系统生产的、经过 1~6 个月充分腐熟的有机肥料，包括没有污染的绿肥和作物残体、泥炭、蒿秆、海草和其他类似物质以及经过堆积处理的食物和林业副产品，经过高

温堆肥等方法处理后,没有虫害、寄生虫和传染病的人粪尿和畜禽粪便可作为有机肥料使用,也可以使用系统外未受污染的有机肥料,但应有计划地逐步减少使用的数量。

- 可以在非直接生食的多年生作物以及至少4个月后才收获的直接生食作物上使用新鲜肥、好气处理肥、厌气处理肥等。但是,供人们食用的蔬菜不允许使用未经处理的人畜粪尿。
- 允许使用自然形态(未经化学处理)的矿物肥料。使用矿物肥料,特别是含氮的肥料(如干血、泥浆等)时,不能影响作物的生长环境以及营养、味道和抵抗力。
- 允许使用木炭灰、无水钾镁矾、未经处理的海洋副产品、骨粉、鱼粉和其他类似的天然产品,以及液态或粉状海草提取物,允许使用植物或动物生产的产品,如生长调节剂、辅助剂、湿润剂、矿物悬浮液等。
- 禁止使用硝酸盐、磷酸盐、氯化物等营养物质以及会导致土壤重金属积累的矿渣和磷矿石。
- 允许使用农用石灰、天然磷酸盐和其他缓溶性矿粉。但天然磷酸盐的使用量,不能使总氟含量平均每年每亩超过0.35千克,温室平均每年每亩超过0.7千克。
- 允许使用硫酸钾、铝酸钠和含有硫酸盐的痕量元素矿物盐。在使用前应先把这些物质配制成溶液,并用微量的喷雾器均匀喷洒。
- 严禁使用人工合成的化学农药和化学类、石油类以及氨基酸类除草剂和增效剂,提倡生物防治和使用生物农药(包括植物、微生物农药)。
- 允许使用石灰、硫黄、波尔多液、杀(霉)菌和隐球菌和皂类物质、植物制剂、醋和其他天然物质来防治作物病虫害。但含硫或铜的物质以及鱼藤酮、除菌菊和硅藻土必须按附录中的规定使用。

第六章 农产品质量安全生产技术

- 允许使用皂类物质、植物性杀虫剂（如鱼尼丁、泥巴草等）和微生物杀虫剂以及外激素、视觉性和物理捕虫设施防治虫害。

- 提倡用平衡施肥管理、早期苗床准备和预先打穴、地面覆盖结合采用限制杂草生长发育的栽培技术（轮作、绿肥、休闲）等措施以及机械、电力、热除草和微生物除草剂等方法来控制和除掉杂草，可以使用塑料薄膜覆盖的方法除草，但要避免把薄膜残留在土壤中。

二、畜禽生产

- 选择适合当地条件、生长健壮的畜禽作为有机畜禽生产系统的主要品种，在繁殖过程中应尽可能减少品种遗传基质的损失，保持遗传基质的多样性。

- 可以购买不处于妊娠最后 1/3 时期内的母畜。但是，购买的母畜只有在按照有机标准饲养一年后，才能作为有机牲畜出售。可从任何地方购买刚出壳的幼禽。

- 根据牲畜的生活习性和需求进行圈养和放养。给动物提供充分的活动空间、充足的阳光、新鲜的空气和清洁的水源。

- 因养绵羊、山羊和猪等大牲畜时，应给它们提供天然的垫料。有条件的地区，对需要放牧的动物应经常放牧。

- 牲畜的饲养环境应清洁和卫生。不在消毒处理区内饲养牲畜，不使用有潜在毒性的材料和有毒的木材防腐剂。

- 通常不允许用人工授精方法繁殖后代。严禁使用基因工程方法育种。禁止给牲畜预防接种（包括为了促使抗体物质的产生而采取的接种措施）。需要治疗的牲畜应与畜群隔离。

- 不干涉畜禽的繁殖行为，不允许有割禽畜的尾巴、拔牙、去嘴、烧翅膀等损害动物的行为。

- 屠宰场应符合国家食品卫生的要求和食品加工的规定，

宰杀的有机牲畜应标记清楚,并与未颁证的肉类分开。有条件的地方,最好分别屠宰已颁证和未颁证的牲畜,屠宰后分别挂放或存放。

● 在不可预见的严重自然、人为灾害情况下,允许反刍动物消耗一部分非有机无污染的饲料,但其饲料量不能超过该动物每年所需饲料干重的10%。

● 人工草场应实行轮作、轮放,天然牧场避免过度放牧。

● 禁止使用人工合成的生长激素、生长调节剂和合成的饲料添加剂。

三、奶制品和蛋类生产

● 得到初乳的仔奶牛可以在出生后12~24小时内断奶。断奶后即可售出或用全脂牛奶喂养三个月后出售。禁止在奶牛生长期内使用激素。

● 奶处理设备必须达到国家的卫生要求。牛奶中的体细胞年平均含量最大不得超过40万个/毫升。奶中细菌总量最大不得超过10万个/毫升。建议每月分析一次每头奶牛产奶中约体细胞含量。

● 在无法用附录中允许的措施医治病奶牛的情况下,可以采用药物对奶牛进行治疗,但所生产的牛奶在12天内不能作为有机牛奶出售(或以所用药物说明书上药物降解期限的两倍时间作为用药奶牛的非有机牛奶生产期)。

● 有机牛奶必须满足下列条件。

(1) 在颁证前一年以及申请颁证期间,奶牛必须用100%经有机食品发展中心或其授权机构颁证的有机饲料喂养。新申请颁证的奶牛在用占饲料总数80%以上经颁证的有机饲料喂养10个月后,再用100%的经颁证的有机饲料喂养60天可以成为有机奶牛。有机奶牛生产的牛奶即为有机牛奶。

第六章 农产品质量安全生产技术

（2）在不可抗拒的特殊情况下，经颁证机构批准，常规奶牛经全部用有机饲料喂养60天后生产的牛奶可以考虑颁为有机牛奶，但这类牛奶的生产量，不得超过颁证牛奶全部产量的5%。

（3）服用过抗生素的奶牛所生产的牛奶，经过检测表明未受污染的可作为有机牛奶。

• 奶牛的饮用水除要达到国家规定的有关细菌和微生物等方面的标准外，饮用水中硝酸盐（以氮计）的含量不得超过10毫克/升。

• 购买不足一岁的小母鸡，在按照有机生产标准饲养至少4个月后，所下的蛋才能当作有机蛋。有机蛋不应沾污粪便，不对有机蛋进行常规清洗。

四、蜂产品生产

• 必须给蜜蜂提供足够的食物和饮水。可以使用无污染的蜂蜜、鲜花粉喂养蜜蜂。

• 不用糖或糖浆喂养蜜蜂。严禁从用糖或糖浆喂养的蜂箱中提取蜂蜜。

• 每2~3个星期检查一次蜂箱，淘汰脆弱和有病的蜂箱。

• 在蜂蜜的生产过程中，允许用薄荷醇控制蜜蜂呼吸管中的寄生螨。禁止使用磺胺类化合物、其他化学物质和抗生素（蜜蜂健康受到威胁时例外），经抗生素处理后的蜜蜂必须立即从有机蜂群中撤走，使用抗生素后取出的蜂蜜不能作为有机蜂蜜。

• 养蜂房应避免靠近集镇或城市等交通污染区。养蜂场3千米范围内，不允许有垃圾场、卫生填埋场、高尔夫球场和喷洒过附录中禁用农药的蜜源作物。

• 取蜜时允许使用吹风器或烟雾发生器驱赶蜂箱中的蜜蜂，

也允许对蜜蜂进行短时间加热处理使其离开蜂箱，但温度不能超过35℃。采用机械的方法使蜂房脱盖，通过重力作用使蜂蜜中的杂质沉淀，不使用细网过滤器过滤杂质。

● 处理蜂蜜的房间（墙和地面）必须密封，处理蜂蜜的设备表面可用不锈钢材料，而不用电镀或表面易氧化的金属材料，并用无污染的蜂蜡覆盖其上。

● 蜂蜜提取设施应具有不渗透的功能，设备使用期间每天用新鲜、干净的温热水清洗。用原先贮存其他食品的容器贮存蜂蜜时应在容器内涂上蜂蜡。禁止用易氧化的材料作为贮存蜂蜜的容器。

● 严禁使用化学物质驱赶蜜蜂，禁止使用氰化钙等化学物质作为熏蒸剂。

● 有机蜂蜜最长的贮存期为两年。禁止对贮存的蜂蜜及其产品使用萘等化学合成物质来控制蜂蜡蛾等害虫。

● 尽可能饲养自己培养的蜂王，并鼓励交替饲养不同类型的蜜蜂。允许用人工授精的方法培养人工蜂群和购买蜜蜂。

五、香菇和蘑菇生产

● 含有人工合成物质的树木和锯木屑不能用来栽培蘑菇。不得使用受到污染的菌丝体。禁止冷冻贮存香菇的原种。

● 蘑菇生产过程中严禁使用任何杀虫剂。

● 保证生产环境的清洁，避免用任何合成的物质熏蒸、消毒菇房。

● 及时除去带病菌的蘑菇生长木，并用火烧掉或存放在离生产地50米以外的地方。

第六章 农产品质量安全生产技术

第四节 农产品加工与贮藏

一、农产品加工

(一) 玉米精深加工

实施控制总量，大力发展下游产品，延长产业链，重点发展氨基酸、高果糖浆、结晶糖、变性淀粉、乳酸、聚乳酸、酶制剂、优质食用酒精和医用酒精等产品，不断提高玉米综合加工利用水平。

(二) 粮食主食品加工

充分利用吉林省丰富的粮食资源，重点发展冷冻米面主食、速食米面制品、速冻玉米、玉米主食肠、玉米方便粥、玉米纤维食品等早餐、方便、休闲食品。开发专用玉米面粉、营养强化玉米面粉，扩大吉林省在鲜食玉米生产上的优势，提高市场占有率。积极推动稻米加工企业整合，大力发展营养强化米、方便米饭、方便米粥等产品，加强对大米加工副产物——米糠的综合利用，努力打造吉林优质大米品牌，扩大品牌影响力，提高产品附加值。

(三) 肉乳蛋加工

大力发展牛羊肉及肉制品加工，积极发展冷却分割肉、低温肉制品、各类熟肉精制品，加快推进中式肉制品的工业化步伐，扩大低温肉制品和功能性肉制品的生产，加快骨、血等副产物的综合利用，推动和加快生化制品的开发。乳制品要提高产品质量、保障食品安全。蛋品重点发展全蛋粉、蛋黄粉、蛋清粉、禽蛋营养食品以及免疫球蛋白等产品。

(四) 特色生态资源开发

加快技术进步，推动资源深度开发和精深加工。加大人参、林蛙、梅花鹿产业的技术研发和产品开发力度，整合矿泉水资源，不断提升产品层次，提高产品附加值，努力打造人参、林蛙、梅花鹿深加工产业基地和千万吨矿泉水产业基地。加快发展食用菌产业，突出生态、营养、健康理念，大力发展以方便食品、保健食品、旅游食品为特色的长白山健康生态食品。加快开发原味保鲜长白山野菜，深度开发红景天、蚕蛹、蓝莓、蜂产品等。

二、农产品储藏

(1) 常规储存。即一般库房，不配备其他特殊性技术措施的储存。这种储存的特点是简便易行，适宜含水分较少的干性耐储农产品的储存。采用这种储存方式应注意两点，一是要通风，二是储存时间不宜过长。如粮食类的储藏。

(2) 窖窑储存。特点是储存环境氧气稀薄，二氧化碳浓度较高，能抑制微生物活动和各种害虫的繁殖，而且不易受外界温度、湿度和气压变化的影响，是一种简便易行、经济适用的农产品储存方式。较适宜对植物类鲜活农产品进行较长时间的储存，如冬储大白菜、萝卜、马铃薯、大葱等。

(3) 冷库储存。能够延缓微生物的活动，抑制酶的活性，以减弱农产品在储存时的生理化学变化，保持应有品质。这种储存方式的特点是效果好，但费用较高。如肉类产品的储藏。

(4) 干燥储存。有自然干燥和人工干燥两种。干燥的目的是降低储存环境和农产品本身的湿度，以消除微生物生长繁殖的条件，防止农产品发霉变质。

(5) 密封储存。密封储存虽然投资较大，但储存效果良好，是现代农产品储存研究和发展的方向。它适宜各种农产品，特别是鲜活农产品(如果品、蔬菜等)的储存。

第五节 农产品包装与运输

一、农产品包装

(一) 农产品包装的概念及其基本要求

农产品包装是对即将进入或已经进入流通领域的农产品或农产品加工品采用一定的容器或材料加以保护和装饰。农产品包装是农产品商品流通的重要条件。在流通过程中,粮食、肉类、蛋类、水果、茶叶、蜂蜜等农产品,不加包装则无法运输、贮存、保管和销售,送达消费者手中,也不便于包装机械的运用,实现农产品包装的工厂化、自动化。因此现代市场营销要求,农产品包装是特定品种、数量、规格、用途等的农产品包装,每个包装单位的大小、轻重、材料、方式等应按照目标顾客需求、包装原则、包装技术要求进行,以保护农产品,减少损耗,便于运输,节省劳力,提高仓容,保持农产品卫生,便于消费者识别和选购,美化商品,扩大销售,提高农产品市场营销效率。

农产品包装的基本要求:农产品生产企业、农民专业合作经济组织以及从事农产品收购的单位或者个人销售的农产品。按照规定应当包装或者附加标识的,须经包装或者附加标识后方可销售。包装物或者标识上应当按照规定标明产品的品名、产地、生产者、生产日期、保质期、产品质量等级等内容;使用添加剂的,还应当按照规定标明添加剂的名称。

(二) 现代绿色食品包装技术

绿色食品的包装必须遵循的原则,包括绿色食品包装的要

求、包装材料的选择、包装尺寸、包装检验、抽样、标志与标签、贮存与运输等内容。

1. 食品包装材料

包装、盛放食品或者食品添加剂用的纸、竹、木、金属、搪瓷、陶瓷、塑料、橡胶、天然纤维、化学纤维、玻璃等制品和直接接触食品或者食品添加剂的涂料。

2. 绿色食品包装应具备的条件

（1）基本条件根据不同的绿色食品选择适当的包装材料、容器、形式和方法，以满足食品包装的基本要求。

（2）包装的体积和质量应限制在最低水平，包装实行减量化在技术条件许可与商品有关规定一致的情况下，应选择可重复使用的包装；若不能重复使用，包装材料应可回收利用；若不能回收利用，则包装废弃物应可降解。

（3）纸类包装要求可重复使用回收利用或可降解；表面不允许涂蜡、上油；不允许涂塑料等防潮材料；纸箱连接应采取黏合方式，不允许用扁丝钉钉合；纸箱上所做标记必须用水溶性油墨，不允许用油溶性油墨。

（4）玻璃制品应可重复使用或回收利用。

（5）塑料制品要求使用的包装材料应可重复使用、回收利用或可降解。在保护内装物完好无损的前提下，尽量采用单一材质的材料。使用的聚氯乙烯制品，其单体含量应符合国家标准的要求。使用的聚苯乙烯树脂或成型品应符合相应国家标准要求。不允许使用含氟氯烃（CFS）的发泡聚苯乙烯（EPS）、聚氨酯（PUR）等产品。

（6）外包装上印刷标志的油墨或贴标签的黏着剂应无毒，且不应直接接触食品。

（7）可重复使用或回收利用的包装，其废弃物的处理和利

第六章 农产品质量安全生产技术

用按国家标准的规定执行。

（8）包装尺寸。

①绿色食品运输包装件尺寸应符合 GB/T 4892、GB/T 13201、GB/T 13757 的规定。

②绿色食品包装单元应符合 GB/T 15233 的规定。

③绿色食品包装用托盘应符合 GB/T 16470 的规定。

（9）标志与标签绿色食品外包装上应印有绿色食品标志，并应有明示使用说明及重复使用、回收利用说明。标志的设计和标识方法按有关规定执行；绿色食品标签除应符合 GB/T 7718 的规定外，若是特殊营养食品，还应符合 GB/T 13432 的规定。

①获得绿色食品标志使用权的企业，应尽快使用绿色食品标志。绿色食品标志是中国绿色食品发展中心在国家工商行政管理局商标局注册的质量证明商标。作为商标的一种，该标志具有商标的普遍特点，只有使用才会产生价值。若取得标志使用权后长期不使用绿色食品标志，还会妨碍中国绿色食品发展中心的管理工作。因而，企业应尽快使用绿色食品标志。

②绿色食品产品标签、包装必须符合《中国绿色食品商标标志设计使用规范手册》要求。绿色食品生产企业在产品内、外包装及产品标签上使用绿色食品标志时，绿色食品标志的标准图形、标准字体、图形与字体的规范组合、标准色、编号规范必须按照《中国绿色食品商标标志设计使用规范手册》要求执行，并报中国绿色食品发展中心审核、备案。包装、标签上必须做到"四位一体"，即绿色食品标志图形、"绿色食品"文字、编号及防伪标签须全部体现在产品包装上。凡标志图形出现时，必须附注册商标符号"R"。在产品编号正后或正下方须注明"经中国绿色食品发展中心许可使用绿色食品标志"的文字，其规范英文为"Certified China Green Food Product"。产品标签还必须符合《食品标签通用标准》GB 7718。标签上必须标注

食品名称、配料表、净含量及固形物含量,制造者、销售者的名称和地址,日期标志(生产日期、保质期/保存期)和贮藏指南,质量(品质等级)和产品标准号。另外,还须注明防腐剂、色素等所用种类及用量。

③在宣传广告中使用绿色食品标志。许可使用绿色食品标志的产品在其宣传广告中应注意使用绿色食品标志。使用在所有可做广告宣传的物体和媒体上,如在名片、台历、灯箱、运输车和办公楼上或电视广告中使用绿色食品标志,必须符合《中国绿色食品商标标志设计使用规范手册》要求。

④绿色食品生产企业不能扩大绿色食品标志使用范围。绿色食品标志在包装、标签上或宣传广告中使用,只能用在许可使用标志的产品上。例如,某饮料生产企业产品有苹果汁、桃汁、橙汁等,其中仅苹果汁获得了绿色食品标志使用权,则企业不能在桃汁、橙汁的包装上使用绿色食品标志,广告宣传中也不应用"某某果汁,绿色食品"之类的广告语,只能讲"某某苹果汁,绿色食品",以免给消费者造成误解。另外,在系列产品上,如某茶厂云雾绿茶获得标志使用权后,在未申报的银毫绿茶上使用绿色食品标志;在联营、合营厂的产品上,如山东省某奶粉厂生产的 A 牌奶粉获得标志使用权后,擅自在其河南省联营企业生产的 B 牌奶粉上使用绿色食品标志等,都是擅自扩大使用范围,是不能允许的。

二、农产品运输

现代农产品运输方式有铁路运输、公路运输、水上运输和航空运输。

铁路运输载运量大,连续性强,行驶速度较高,运费较低,运行一般不受气候、地形等自然条件的影响,适合于中长途客货运输。

第六章 农产品质量安全生产技术

公路运输虽载运量较小，运输成本较高，但机动灵活性较大，连续性较强，适合于中、短途客运和高档农业产品的运输。为了促进鲜活农产品的流通，我国开设了鲜活农产品绿色通道，在通道上，对整车合法装载运输鲜活农产品车辆免收车辆通行费。"绿色通道"网络的公路收费站点，按规定开辟"绿色通道"专用道口，设置"绿色通道"专用标识标志，引导鲜活农产品运输车辆优先快速通过。

水运（包括内河和海上运输）具有载运量大、运输成本低、投资省、速度较慢、灵活性和连续性较差等特点，适于大宗、低值和多种散装农产品的运输。

航空运输具有速度快、投资少、不受地方地形条件限制、能进行长距离运输等优点，也存在载运量小、运输成本高、易受气候条件影响等缺点，适合于远程客运及高档、外贸农产品与急需农产品的运输。

第七章 农产品品牌化建设

第一节 农产品品牌价值及其评估

一、农产品品牌价值来源

品牌价值的来源分为以下两大类：强调认知面和同时强调认知面与行为面。

(一) 强调认知面

Martin 和 Brown 曾提出品牌观念，用来代表品牌资产的认知面，并提出构成品牌观念内涵的成分包括知觉品质、知觉价值、品牌形象、可信赖感、品牌承诺。Keller 认为，品牌资产主要来自顾客知觉——由于顾客对于品牌有一定的知识，品牌知识取决于品牌知名度及品牌形象所形成的联想网络记忆模式，此知识将影响消费者对于品牌的知觉与态度，并进一步表现在实际行为上，而由品牌所引起的差异化效用即为品牌资产。Kamakuraand Russell 将一个品牌的价值（消费者对该品牌的整体偏好效用）分成有形价值与无形价值，其中，有形价值是指消费者对重要实体属性的效用，而无形价值则是指品牌价值中无法直接归因于实体属性的部分，如品牌名称的联想、认知扭曲等。

(二) 同时强调认知面与行为面

Aaker 认为品牌资产的组成有五项内容：一是品牌忠诚度，

第七章 农产品品牌化建设

指当其他品牌的商品拥有较佳的外观价值时,顾客仍会持续购买本品牌商品;二是品牌知名度,指对于特定产品,消费者对某一品牌的认识或回忆;三是知觉品质,指与其他品牌相比较,顾客对于该品牌商品整体性质优良度的认知;四是品牌联想,任何与品牌相关的事物;五是其他专属的品牌资产(other proprietary brand assets),包括专利权、商标及通路关系等。

二、农产品品牌建设要素指标体系

消费者对农产品品牌建设要素指标的认知体现出消费者对农产品品牌的需求,是农产品品牌建设要素确定的依据。

(一)质量满意度

质量满意度主要是通过质量标志水平、集体标志水平、外观形象水平、口感水平四个指标来衡量的。

1. 质量标志水平

质量标志水平是反映质量标志状况的指标。质量标志水平从低到高分别是普通农产品、无公害农产品、绿色农产品、有机农产品四个衡量指标。

2. 农产品集体品牌标志水平

农产品集体品牌是反映农产品地域特征的证明标志,标志水平的衡量主要有无集体品牌、一般集体品牌、地理标志三个层次。其中,一般区域品牌包括无名集体品牌、区域著名集体品牌、全国著名集体品牌三个指标,例如,某村的农业组织刚刚创立一个品牌"某村西瓜",这是一个没有人知晓的品牌,属于无名集体品牌;郫县豆瓣是四川的消费者都知道的品牌,称为区域著名集体品牌。

3. 外观形象水平

外观形象水平是指农产品新鲜水平和视觉感受。多数农产

品是作为食物进入市场的,人们对食物的要求,不但要安全无害,还能够美观好看增进食欲,尤其是有些初级农产品,如蔬菜、肉食等,人们对其新鲜程度十分关注。

4. 口感水平

口感是指消费者对该农产品食用后的知觉感受。好的口感享受是农产品消费者购买农产品的一个重要诉求。作为品牌农产品的消费者一般不是温饱线以下的消费者,人们在解决温饱后的选择中,口感水平显得格外重要。

(二)价格适中度

价格适中度是指某品牌农产品的价格定位适应该产品的品牌定位、质量水平、消费者认知等方面的衡量指标。其具体指标分为定价适中度、调价适中度。

1. 定价适中度

定价适中度是指农产品定价水平与本企业产品在消费者心中的地位、产品质量水平等方面相适应。消费者对某一品牌农产品的购买首先考虑的因素就是价格,消费者希望性价比越高越好。农业企业也不可能无限制地提高农产品的性价比,因为,提高性价比在一定程度上是以牺牲农业企业的利益为代价的。农业企业实施的定价策略既要考虑性价比,又要考虑企业利润。所以,在性价比和农业企业利润之间找一个平衡点是农业企业的常态任务,这一平衡点就是定价的适中度。

2. 调价适中度

调价适中度是指农产品在价格执行中调价幅度与灵活程度适中。因为,一方面农产品的保存期大都比较短,需要随着新鲜程度的变化,适度调整其价格;另一方面,农产品的供求关系也经常发生变化,也需要经常调整其价格。无论提价还是降价程度都不能太大,否则,都会影响品牌形象或销量。

第七章 农产品品牌化建设

(三) 品牌联想美誉度

品牌联想美誉度是指由于品牌声誉好,带来的消费者对该品牌产品美好联想的程度。主要包括品牌美誉度、品牌联想度、企业责任感水平、品牌信用度等指标。

1. 品牌美誉度

品牌美誉度是指某一品牌在社会上被大家共同称颂的程度。社会上共同认可的品牌其美誉度就高,品牌美誉度是消费者愿意支付溢价的基础,其溢价形成的原因主要是其品牌产品形成了遍及社会的美誉度。

2. 品牌联想度

品牌联想度是某一品牌在具有一定的美誉度的情况下,形成消费者联想的结果。如当我们决定购买礼品时,有时会联想到买知名农产品送给朋友,会使朋友认为自己是对他的格外尊重。

3. 企业责任感水平

企业责任感水平是企业对于社会事务的负责程度和对于自己产品的售后服务的状态。消费者对农产品品牌的了解有时是通过企业进行的,消费者一般认为一个对社会负责的企业才能对消费者负责,对售出的产品负责的企业,其生产的产品质量才能有保障。

4. 品牌信用度

品牌信用度是指品牌言行一致的状况。品牌的本质是信用,按照一般消费心理,重信用的企业才是具有长远发展眼光的企业,才能够重视自己的品牌,这样的企业为了其长远利益,一定会为其产品质量负责,为消费者负责。一个言行一致的企业,品牌信用度就会高,品牌信用度高的企业,品牌价值就高。

(四) 品牌知名度

品牌知名度是指品牌被消费者知晓的程度。品牌知名度是影响消费者购买的另一类重要指标。一般情况下，消费者都要考虑购买的农产品是不是名牌农产品，消费者一般认为名牌农产品的生产企业都会保证产品质量，维护品牌价值。品牌知名度可以分解为提及知名度、未提及知名度及市场占有率三个指标。品牌知名度越高，消费者购买越是放心，知名度越高的品牌，购买该品牌产品的人就会越多。

1. 提及知名度

知名度的衡量是一个比较困难的事情，学术界一般采用提及知名度和未提及知名度两个指标来衡量。提及知名度是指某一个品牌在别人提醒下才被想起的比例。

2. 未提及知名度

未提及知名度是指某一品牌在未经任何人提醒的情况下，在购买某种商品时对某一品牌就知道的比例。

3. 市场占有率

市场占有率是指在某个市场范围内，某个品牌在同种产品销售额中所占的比重。

第二节 农产品品牌建设流程

农产品品牌建设的一般过程分为四个阶段，分别是品牌规划阶段、品牌创立阶段、品牌培育阶段和品牌扩张阶段。

一、农产品品牌规划阶段

农产品品牌建设的规划包括五个阶段。第一，农产品选择。产品是品牌的载体，选择自身具备优势的产品是品牌规划的首

第七章 农产品品牌化建设

要问题。第二,环境分析。在产品选择的基础上分析所选农产品所处的宏观环境和微观环境,解决农产品品牌建设的知己知彼问题。第三,根据自有资源和环境分析制定农产品品牌建设的目标,即确定在哪个时期将品牌建设到什么水平。第四,目标市场选择,即确定产品卖给谁,品牌面向谁的问题。第五,农产品品牌定位,即在消费者心目中确立什么样的形象,树立什么样的品牌差异特征。

(一)农产品品牌产品的选择

企业的产品选择应该依据消费者需求,这一理念在工业企业的产品选择中得到广泛认可。但是,在农产品品牌建设实践中,农业企业产品选择不是完全以消费者需求为依据的,农业企业产品选择不仅要考虑市场需求,还要考虑自身的资源。农产品生产受自然、地理因素影响大,不是市场需要什么,企业就可以生产什么,农业企业必须考虑本地区、本企业的优势是什么,同时考虑市场是否需求这些产品。在传统品牌理论中,要求品牌注册在先,产品选择随市场需求进行不断调整,依据品牌定位选择合适的产品。但在实践中,农业企业的产品选择往往是早于品牌注册的。作者实地调查发现,中国很少有农业企业先注册品牌,然后再进行产品选择,绝大多数都是在农业企业成立前就已经将未来企业生产什么产品进行了设计,所以农产品生产选择一般是在企业规划中实现。当然初期的产品选择不是终生的,随着品牌建设的不断深入,产品的生产选择也将随之调整。但初期的产品选择往往是在品牌建设的规划阶段实现,这是农产品品牌建设的特点之一。农产品生产选择应该是在结合自身产品生产优势的情况下参照市场状况进行。具体选择什么农产品作为企业创建品牌的载体,具体有以下四种思路。

第一种:市场专业化的农产品经营选择思路。它是指农业

企业以专门满足某一特定顾客群体需要为目标的产品选择方法，如专门为某些大酒店提供绿色蔬菜、高质量肉品等。该农业企业只满足这一个市场，不考虑其他市场。市场专业化选择的特点是产品种类较多，产品的专业化程度不高，但是农业企业能够深入了解特定市场的需求特征，能够为特定市场提供较深入的服务，能够建立比较稳定和信任的供需关系，从而降低特定市场的采购成本。其缺点也很明显，主要是市场依赖性太强，一旦这一市场整体不景气，就会导致极大风险。如专为某些大酒店这一特定市场供给优质蔬菜和猪、牛、羊肉等农产品的企业，一旦遇到这些大酒店经营困难，该农业企业的经营就会陷入困境。这一产品选择思路的另一缺点是产品专业化不强，产品质量保障困难。

第二种：产品专业化的农产品经营选择思路。它是指农业企业集中生产一种产品，满足不同市场的需要。如专门生产菌菇的农业企业，可以满足大酒店的需要，也可以满足大众消费者的需要，还可以满足企事业食堂的需要。这种产品选择策略的特点是产品专业化程度高，平均成本低，规模较大，技术研发的针对性较强。缺点是有些产品生产周期过于集中，收获期也过于集中，销售、储存难度大，容易造成"谷丰伤农"现象。

第三种：产品—市场选择专业化的农产品经营选择思路。它是指农业企业选取若干个具有良好盈利潜力且符合企业发展目标和资源的细分市场作为目标市场，采用不同的产品满足这些细分市场的策略。如农业企业生产西红柿、菜椒满足大众市场，生产优质猪肉满足宾馆猪肉需求等。这种策略的优点是经营灵活、经营风险较低，但缺点也比较明显，主要是专业化程度不高，产品生产、经营成本较高，市场竞争力不强。

第四种：产品—市场集中化的农产品经营选择思路。它是指用一种产品满足一个特定市场的策略。这种策略的优点是产

品生产专业化很强，目标市场专一。缺点是产品单一，生产风险和经营风险都很大。如养牛企业，专门向牛奶厂供给牛奶，一旦牛奶行业受到整体冲击，养牛企业将受到毁灭性打击。另外，在农产品生产范围选择中要注意宽窄适当。任何一个企业都不可能生产经营所有本行业的全部产品。一般情况下，资金实力雄厚的农产品企业选择的产品种类可以多一些，但中小规模的农业企业应该选择较少种类的产品。农产品品牌产品的选择还要根据农产品的特点、经营环境、市场容量等要素全面考虑。

（二）品牌建设环境分析

农产品品牌建设环境分析分为宏观、微观两个层面，宏观环境包括政治环境、经济环境、自然环境、技术环境、社会文化环境等，微观环境主要包括消费者、竞争者、企业自身资源、公众、营销中介等。

1. 农产品品牌建设的宏观环境分析

农产品品牌建设的农业政策是农产品品牌建设的重要保障。农产品品牌的特点之一是其公共物品特征，因此，农产品品牌受政策、政府行为的影响巨大。例如，当前我国将提高农产品竞争力作为国家战略摆在经济建设的重要位置，农产品品牌建设受到政府的高度重视，国家出台了一系列的农产品品牌建设的策略，非常有利于农业企业的品牌建设。

农产品品牌建设的社会文化环境也是影响农产品品牌建设的重要因素。例如，我国几千年的农耕文化影响着消费者对农产品的偏好和选择。南方消费者喜欢食用菜籽油，北方消费者喜欢食用花生油，西部消费者喜欢食用牛羊肉，东部消费者以猪肉为主等。这些社会文化环境的差异性体现了我国农产品品牌建设的社会文化环境复杂多变，为建设特色农产品品牌提供

了丰富的环境资源。

农产品品牌建设的自然环境对农产品品牌建设的影响明显。例如，我国自然环境南北差异、东西差异明显，甚至一个地区的土壤、灌溉条件也不相同，使得我国农产品个性差异明显，特色农产品资源丰富，为我国农产品品牌建设创造了得天独厚的条件。

农产品品牌建设的科学技术环境同样影响着农产品品牌的建设。农产品品牌如果没有核心技术做支撑，就无法在竞争中取得优势，无法使消费者有充足理由购买你的产品。

2. 农产品品牌建设的微观环境分析

农产品品牌建设中的消费者要素是微观环境分析的首要因素。在微观环境中消费者是品牌的决定性因素。消费者的购买习惯、购买方式、购买心理都影响着消费者的购买，农业企业进行品牌建设首先要进行消费者的研究。

农产品品牌建设中的竞争者要素是品牌建设的影响要素之一。品牌就是用来竞争的工具，竞争需要知己知彼，对竞争者的研究就是知彼的过程，它能够使农业企业知道竞争者的品牌定位、品牌目标，然后以此确定本企业品牌的定位和目标。农产品品牌建设中的供应商是农户，是农产品的生产者，是农产品质量安全的决定性因素。品牌农产品的原料来源一般是农户的生产成果，农产品的种植养殖质量几乎是由农户行为决定的。农户本身又是独立的经济主体，主流经济学指明了作为经济主体的农户的生产经营动机是利润最大化，在没有外在制度约束的情况下，农户提供农产品的原则是收益最高，成本最低。农户为了实现"收益最高、成本最低"的目标，所提供的农产品的质量安全受到消费者的怀疑时，农产品品牌建设将受到严重的负面影响。

农业企业自身环境的分析。孙子讲："知己知彼，百战不

殖","知己"是农产品品牌建设的基本内容。农产品受自然环境影响大,农产品的质量特征也随着地域环境的变化而发生变化。农业企业在建设农产品品牌前首先搞清楚自己的优势是什么?自己能够生产经营什么?农业企业的资源优劣势的分析应该主要从自然资源、人力资源、社会资源、经济资源等方面进行。自然资源是农产品赖以生存的基础条件,是决定农产品质量和特征的根本要素,农业企业首先要搞清楚在本企业周围有哪些资源、哪些农产品是市场上被广泛认可的,哪些是在一定范围内不被市场接受的。农产品不但具有生产区域性特征,还有储存难度大、运输成本比重大等特点,大部分鲜活农产品不适合远距离运输后进行再加工。所以认清本企业的自然资源对农产品品牌的建设格外重要。另外,人力资源、社会资源和经济资源在农产品品牌建设中也发挥着重要作用。

(三) 品牌建设目标确立

农产品品牌建设目标的确立是农产品品牌建设的战略核心,品牌建设的一切行为都是围绕着品牌建设目标进行的。品牌建设的目标就是提升品牌的资产价值、实现企业可持续发展。同时,由于农业企业的规模、特点等因素的差异,不同的企业在不同阶段的目标是不同的。也就是说,农产品品牌的总体目标可以进行分解,我们将农产品品牌建设目标分解为区域品牌、区域名牌、全国名牌、世界名牌。

农产品品牌建设的目标确定应该依据企业自身的实力,在分析农业企业经营的宏环境的基础上,立足消费者需求进行。一般情况下,农业企业品牌建设是一个由低到高逐步升级的过程,新企业的品牌战略目标层次较低,老企业品牌战略目标较高;小企业品牌建设目标设定较低,大企业品牌建设的目标设定较高。

(四) 品牌目标市场选择

农业企业在确定了本企业生产什么产品后,要选择目标市场,确定将产品卖向哪个细分市场。农产品品牌中的农业企业目标市场选择要考察的因素主要有以下几个方面。

(1) 本企业经营农产品的特点。本企业经营农产品的特点包括农产品的品质、功能、特色、产品文化等。在这里农产品功能是指该产品是用于满足生存需要还是满足享受需要;特色是指该农产品与同种农产品相比是否具有口感好、形象好等特点;产品文化是指该产品是否具有可以用于宣传的文化背景,如"宫廷专供寿桃"等。

(2) 品牌农产品消费者特点。农业企业还应该考虑品牌农产品消费者的特点。只有消费者特点适合农业企业经营目标,才能将其设定为本企业的目标市场。有些消费者群体的行为特点、决策思路和影响因素不适合本企业经营目标,农业企业就不能将其确立为自己的目标市场。如某一农业企业品牌建设的目标是建设区域性高档海参产品品牌,将消费者市场经过市场细分后认为,所有消费者一共分为五类。海参经营企业就只能将最高两个层次的消费者确立为自己的目标市场,其他三个层次的消费者就不能确定为这个企业的目标市场,因为前两个层次消费者的消费特点适合海参经营企业的经营目标,而后三个则不符合。

(3) 本企业面对的农产品市场的特点。市场特点包括市场容量、竞争状况、渠道特点等因素。如果市场规模过小,企业进入后就得不偿失,获利太小,甚至亏损。市场规模的大小是相对于企业规模而言的,只要相互适应就是最好的。市场竞争状况也是市场特点的要素之一。当竞争者较少时,可以采用无差异性营销策略;当竞争激烈时,应采取选择性营销策略或差异性营销策略。如果竞争对手采用无差异性营销策略,企业既

第七章 农产品品牌化建设

可以采用无差异性营销策略与对手进行竞争，也可以避其锋芒实行差异性营销策略或选择性营销策略，抢先向市场深度进军，占领更深层次的市场。农产品渠道特点是指农产品适合的营销渠道，一般来讲，农产品的零售渠道主要是农贸批发市场、超市农产品柜台、农产品专营店和直供几种模式。对适应于农贸市场的农产品，进行农产品品牌建设的作用就不是很大，原因是农贸市场的农产品品牌保护机制不健全，农产品品牌易受伤害，而适合超市经营和直供的农产品建设品牌意义重大，而且成功的概率要比农贸市场的农产品大得多。

（4）本企业实力。本企业实力主要包括本企业的生产能力、销售能力和资金、技术开发能力，以及经营管理水平和品牌推广能力等。如果农业企业实力强，就可以采用无差异性营销策略或差异性营销策略，把整个市场都作为企业的目标市场。如果企业实力较弱，则应将有限的资源集中于一个细分市场，采用选择性营销策略。

二、农产品品牌创立阶段

在完成农产品品牌建设规划后，下面就是实际操作阶段。操作阶段的第一个步骤就是农产品品牌的创立阶段。农产品品牌的创立阶段主要包括农产品品牌识别系统的设计、农产品品牌注册、农产品品牌产品上市、农产品品牌文化形成等内容。

（一）农产品品牌识别系统设计

农产品品牌在创立阶段的第一项任务是进行识别系统设计，这是进行品牌创立的基础，也是品牌培育、品牌扩张的基础。品牌识别系统贯穿于品牌建设的全过程，是相对固定的，不能轻易改变的战略性任务。如果要改变品牌识别系统将会给企业造成巨大损失，因此，准确设计品牌的识别系统是极其重要的品牌创立内容。

农产品消费者通过农产品品牌识别系统了解企业,农产品品牌识别系统反映农业企业识别系统。农产品品牌识别系统(Agriculture Product Brand Identity System,APBIS)的主要思想是将农业企业的经营理念、行为规范和视觉识别三位一体进行系统性分类,从战略的角度来体现农业企业内涵、文化、形象。完整的 APBIS 识别由三部分组成,即品牌理念识别系统、品牌行为识别系统、品牌视觉识别系统。系统中的三个组成部分,各有功效,相互配合,关系十分密切,不可分割。

其设计步骤为:①建立农产品品牌理念识别系统,为农产品消费者提供品牌理念支持。②建立农产品品牌行为识别系统,统一品牌所有者的行为规范。③建立农产品品牌视觉识别系统,统一品牌所有者的产品、店面、包装等有形物体的形象。而在农产品品牌识别系统的执行过程中则将农产品品牌理念识别系统中的内涵与要求寓于行为识别系统和视觉识别系统之中,并使其内涵、形象和风格在社会公众面前得以全面展示。

农产品品牌识别系统的设计内容与工业产品品牌有一定的差别,这些差别是由农产品的特征所造成的。①农产品品牌的形式多样,使得农产品品牌识别系统的内涵具有特殊性。农产品品牌的形式涉及质量标志、集体标志、企业产品品牌等内容,这些内容在设计上应有清楚的体现。②农产品的产品要素也有其特殊性。农产品受到生产地的土壤、气候等自然环境的影响,导致其在色泽、风味、外观和口感上都有一定的独特性。农产品的生产工艺和生产环境的独特性影响农产品的物理、化学、营养等产品特征。因此,消费者非常关注农产品的生产环境质量和生产方式。对使用有机肥料、无污染、生物技术的情况,对农产品加工的程度与方式等,都可以作为品牌识别系统的基础性要素。这些内容需要在 CI 设计中充分体现出来。③农产品品牌的独特文化影响农产品品牌识别系统的设计。我国农产品

第七章 农产品品牌化建设

有着丰富的历史文化,这些文化影响着消费者的文化特征被体现在农产品品牌识别系统中将会大大提高农产品品牌的特色水平。

(二) 农产品品牌注册

农产品品牌在经过识别系统的设计后,要经过注册才能成为具有法律效力的商标。农产品品牌的内容复杂,导致在农产品品牌注册申请上与一般工业产品品牌有很大的不同。主要是体现在注册内容和机构上的不同。农产品不但需要注册产品商标,还需要申请质量标志和集体商标。质量标志的申请是农业企业根据企业目标的要求,向农业主管部门授权的机构申请质量水平认证,认证的种类主要是无公害产品、绿色食品和有机农产品。集体品牌包括一般集体品牌和地理标志,其中一般集体品牌标志的申请与企业标志申请的办法相同,不过申请者往往是农业行业协会或农业合作经济组织等集体单位,而不是企业。地理标志的申请情况比较复杂,目前我国的地理标志管理机制不顺,处于多部门管理状况,不但在管理上有国家商标局、国家质监局和农业农村部三家部门相互交叉,在注册上,国家工商总局和质监局都有权受理,造成农业企业无所适从和消费者信任度降低。

农产品品牌的企业产品商标的注册程序与一般工业产品和服务产品商标的注册程序和主管部门是一样的。品牌注册是农产品品牌建设中比较简单的事务性工作。主要的步骤有:①进行品牌查询。品牌查询的目的是避免商标名称、商标标志与别人相同或相近,保证注册的商标有专用性。②进行设计修改。在查询后发现与其他人相近或相同的商标名称或图案要及时进行修改,以免形成日后的商标纠纷。③进行注册申请。具备上述两个条件后,申请者可申请办理商标注册。申请者填写《商标代理委托书》和《商标注册申请书》,并交付一定的申请费后，就可委托商标事务所向国家工商行政管理局商标局递送、备审。商标在审查中无任何异议，国家商标局在受理申请一年后，发布初审公告并寄送申请人。公告之日起三个月后，即发放正式《商标注册证》，申请者也可开始合理合法地使用自己申请的注册商标。

(三) 品牌农产品上市

品牌农产品上市过程是品牌被消费者认知的起点，这一过程主要应该完成下面几方面的工作。

1. 选择农产品投放市场

在确定了农业企业经营产品种类后，选择符合品牌质量定位要求的农产品投放市场。由于农产品质量具有稳定性差的特点，农产品上市要保证农产品的新鲜度、外观美观度、质量安全度、口感等质量指标。

2. 合理确定品牌农产品的价格

品牌产品的价格不是越低越好，也不是越高越好，过低的农产品价格难以获得合理利润，没有合理利润难以实现企业持续发展；价格过高，难以获得消费者认可，品牌推广难以实现。尤其是产品上市初期是消费者形成品牌产品认知的决定期，一旦形成消费者印象，想要改变十分困难。因此，要依据产品定位慎重决定农产品价格。

3. 建立合理的销售渠道

渠道的长短影响着农产品的成本，也影响着营销效率。

4. 农业企业要着手进行品牌推广

一套完整的品牌推广计划的实施可以让消费者从正面了解品牌产品的定位、文化、质量、企业核心理念等，能够对品牌建设起到事半功倍的效果。

第七章 农产品品牌化建设

另外,还要做好品牌农产品的物流工作。农产品的保鲜问题是农产品物流的重要课题,要作为重点予以考虑;同时,由于农产品大都是单位价值较低的大宗商品,物流成本导致农产品经营成本的比例较高。所以,农业企业要科学规划,合理安排,尽量降低物流成本。

三、农产品品牌培育阶段

农产品品牌建设的培育阶段是品牌建设的实质性阶段。品牌培育阶段是在规划、创立等基础工作完成以后,相对单纯的品牌要素建设工作,同时也是农产品品牌建设时间最长、影响最广、难度最大的阶段。如在品牌规划阶段,虽然品牌建设要素是主要规划的内容,但产品选择、环境分析等一系列的程序性工作都需要完成;在创立阶段也有品牌注册、产品上市等程序性工作需要完成;在最后的扩张阶段也有品牌延伸、品牌国际化等更高一层次的任务需要完成,唯独在品牌培育阶段,其工作内容只有品牌要素的建设,基本不需要伴随其他程序性任务。

这一时期的品牌建设要素特点表现在以下几个方面。

1. *质量满意度开始形成*

农产品的质量标志、地理标志、种子标志注册逐渐完成,消费者选择的依据更加清楚,农产品质量的保障措施趋于完善,农产品品牌总体水平趋于稳定。

2. *价格竞争力增强*

企业已经有一定的资金实力,消费者对品牌定位已经形成,可以开展一定的竞争导向定价策略。

3. *品牌联想美誉度逐步建立*

已经具备一定的联想美誉度,且联想美誉度的水平逐步上升。

4. 品牌知名度有了一定的基础

随着品牌建设过程的不断深入和品牌传播时间越来越长，品牌知名度也越来越高。

四、农产品品牌扩张阶段

在企业发展到一定规模，建立了良好的品牌形象后，企业为进一步稳定市场地位或实现跨越式发展，需要进行品牌保护、品牌延伸、品牌连锁、品牌扩张等品牌经营活动。

（一）农产品品牌保护

美国著名的广告研究专家莱瑞·赖特曾经非常经典地指出："拥有市场比拥有工厂更为重要，而拥有市场的唯一办法就是拥有占有统治地位的品牌"，这句经典名言中"拥有"的含义既有获得，还有保护。农产品品牌的规划、创立和培育阶段是农产品品牌的获得过程。在获得品牌后，只有做好品牌的保护工作，才能真正拥有品牌。

当农业企业的品牌有了一定的知名度，特别是当农产品品牌成为名牌以后，怎样有效地对企业的品牌加以保护，无疑是每一个拥有农产品名牌的企业所面临的艰巨任务。品牌保护是对品牌的名称、标志、图案及其体现品牌个性的所有标志性要素进行保护的过程。农产品品牌保护可以通过以下措施来实现。

1. 保护农产品注册品牌名称与标志

可以通过多注册一些与本企业推广的品牌名称与品牌标志相同和相近的品牌名称或标志，使得其他人不能注册与本企业相同或相近的商标。

2. 保护品牌注册的农产品范围

多注册一些产品种类，为日后本企业的品牌延伸提供空间。

第七章 农产品品牌化建设

3. 保护品牌注册的疆域

在尽可能广泛的区域内进行注册，甚至可以提前到国外进行品牌注册。

4. 实施驰名商标的保护

按照国际惯例和我国法律，驰名商标的保护不仅限于相近种类的产品，还保护相近产品以外的产品。

5. 实施商标与内存和品牌质量认证双保险的品牌保护

广义农产品品牌包含农产品品质量标志，农产品质量认证标志的标签是政府或授权机构控制的，认证标志受政府的监督，假冒者获得认证标签的难度较大、成本较高。

6. 慎重使用品牌许可策略的保护

品牌许可经营要慎重，避免因许可、授权经营造成品牌使用的泛滥。另外，还有注意品牌产品的营销渠道管理，注重打击假冒品牌等损害企业品牌形象和利益的行为。

（二）农产品品牌延伸

农产品品牌种类繁多的特点和农产品生物特性使得品牌农产品的延伸情况要比普通工业产品品牌延伸的可能性更大，涉及的延伸状况更加复杂。农产品的多种类、多品种特征十分明显，如蔬菜类就有叶菜类、茎菜类、果菜类等，叶菜类又有白菜、菠菜等；品牌应该覆盖的产品种类是哪些，如何决策是一个很值得研究的问题。同时，由于农产品的生物特性使得农产品的质量每时每刻都发生变化，所以农产品品牌延伸有自己的特殊困难。农产品品牌延伸的原则包括以下四个方面。

（1）延伸产品必须符合母品牌农产品的质量标志特征。如果一个农业企业一直经营绿色农产品，其品牌质量特征早已被消费者熟知是绿色食品的品牌，一旦该公司利用原有品牌经营

无公害蔬菜,势必造成消费者对品牌的认知产生混乱,品牌特征开始模糊,结果很可能是新产品、老品牌"车毁人亡"。

(2) 延伸产品必须符合农业企业的长远战略。品牌延伸的目的是壮大公司实力,实现更加快速的发展。但是一项不符合公司长远战略的暂时盈利的延伸产品项目,有可能使得公司的发展计划遭到破坏,使企业迷失方向。如原本是生产牛奶和牛奶制品的企业,突然看到今年的白菜利润较高,就利用原来牛奶的品牌经营白菜,就会使自身的企业战略计划混乱。同时,会严重损伤消费者对母品牌战略方向的认知。

(3) 农产品品牌延伸一定要符合消费者文化认知。消费者是品牌延伸的真正评判者,超出消费者认同的任何品牌延伸都将失败。例如,一个成功的饲料品牌突然延伸到熟肉制品,消费者无论如何对于动物与自己享用一个品牌都不会接受,无论饲料品牌名气多大,其熟肉制品质量多好,品牌延伸都不会成功。最后,要注意延伸产品要符合公司的资源优势。例如,市场上樱桃价格较高,但本地并不生产樱桃,农业企业硬是到外地购入或自己移植栽培樱桃进行经营,结果肯定是要失败的。

(三) 农产品品牌国际化

1. 农产品品牌国际化内涵

农产品品牌发展到一定的阶段也必须通过国际化巩固市场地位,扩大影响。农产品品牌国际化是将同一品牌以相同的名称(标志)、相同的包装、相同的广告策划等向不同的国家、不同的区域进行延伸扩张的一种品牌经营策略,以实现统一化和标准化带来的规模经济效益和低成本运营。农产品品牌国际化是向全球统一提供优质的、被消费者认为具有很高价值的产品的行为,是品牌在世界范围内的成功渗透。农产品品牌国际化是一个隐含时间与空间的动态营销和农产品品牌输出的过程,

是一个农业企业将农产品品牌推向国际市场并期望实现国际市场广泛认可和农产品品牌扩张的过程。

农产品品牌国际化是一个长时间的品牌建设、推广过程，任何一个农产品品牌都不可能一蹴而就。农产品品牌国际化是一个企业赢得国际市场的过程，并不是一个品牌只要出国经营就是国际化了，农产品品牌国际化应该是指这个品牌在国际市场上取得竞争优势，在同行业中获得广泛认可，有足够顾客忠诚度的农产品品牌。农产品品牌国际化是国家农业品牌的重要内容。一般我们认为泰国大米品牌形象好，是因为我们认为泰国大米的大部分产品都有比较好的产品质量和品牌推广策略等。一旦这样一个国家的品牌形象形成，就长期影响着消费者的选择。

2. 农产品品牌国际化进程

农产品品牌的国际化进程有其自身特点。

农产品要符合目标国家的食用习惯。农产品的食用性强，多数农产品都是食用农产品，东西方文化差异比较大，不符合当地食用习惯的产品难以在目标国形成品牌优势。

坚持原品牌定位和品牌文化。品牌定位是品牌的根本，品牌定位如果改变，品牌属性就不能传承，品牌难以维系。品牌文化如果改变，品牌彰显的文化诉求就会混乱，原有认可给品牌文化的消费者就会流失，品牌个性就会模糊，品牌价值就会受损。

适当按照目标市场国家的生活习惯调整产品结构。虽然品牌定位和品牌文化不能改变，但品牌产品的结构和种类可以按照目标市场国家的特点予以调整，这也就是品牌建设所说的"形变神不变"。东西方国家的饮食结构各不相同，每个国家消费者食品消费习惯也各不相同，所以企业要在产品组合上多考虑目标市场国家消费者的特点，因人而变，因情而变。

不可急于求成。农产品品牌建设应该采取先易后难、步步为营的品牌国际化策略。农产品品牌国际化是农产品品牌经营发展到一定规模后的必然选择。在品牌建设相对成熟、国内消费者普遍认可的情况下,或者已经成长为全国名牌的农产品品牌,才应该根据自身品牌战略的安排,进行品牌国际化扩张,在没有练好内功的情况下,不要考虑进行农产品品牌国际化。

3. 农产品品牌国际化路径

农产品品牌国际化的路径选择可以分为农产品市场进入路径选择、农产品品牌发展路径选择两个方面,其中农产品市场进入路径选择主要有先进入发达国家后进入不发达国家、先进入不发达国家后进入发达国家和中间路线三种路径。农产品品牌的发展路径选择有自有品牌直接出口;借国外品牌加工出口,具备实力后推广自己的品牌,还有购买出口国的品牌直接出口三种形式。一般情况下,农业企业规模小的时候先借国外品牌生产,实力强后建设自主品牌,这一过程越快越好,不要指望长期使用国外品牌。当企业具备一定的规模后,仍需在国际上建设自己的品牌。

第三节 区域品牌崛起

一、从优势产业到区域品牌

(一) 区域品牌的内涵

区域品牌是指特定区域内的某特色或优势产业集群,经过长期发展、沉淀和成长而形成,具有较高市场份额、良好声誉和影响力的集体品牌。区域品牌一般以地域名称+产业(或产品)名称为核心构成,如德国汽车、法国香水、好莱坞电影、

第七章 农产品品牌化建设

云烟、川酒、徽茶、鲁菜,再如烟台苹果、五常大米、大荔冬枣、平谷大桃等。它们既包含区域特征、自然人文和产业特色的集群属性,又具有差异性、价值感和符号化的品牌特性。

（二）区域品牌的主要优势

区域品牌与企业品牌不同,除具有品牌的一般属性之外,还具有地域性、公共性、协同性和可持续性的优势特点。

区域性。区域品牌一般不以某个企业为依托,而以某一特定区位整体产业和地域特色为载体,形象鲜明优势突出。

公共性。区域品牌在法律上表现为证明商标或集体商标,它不属于某个企业或个体,而一般是由政府、协会或商会所有和管理,区域内生产相同产品的相关产业和企业所共同打造、共同维护、共同享有的公共无形资产。

协同性。区域品牌强调内部竞争公平自律,发挥集群效应统一管理协同发展共创集体品牌。

可持续性。区域品牌的区域性、公共性和协同性特征注定区域品牌能够帮助区域产业或产品自然发挥集群效应、吸引公众关注、汇聚优势资源、提升区域产业竞争力、提高抗风险能力,并自动促进区域内各经营主体取长补短、内化升级,进而形成良性循环,最终实现区域产业的不断升级和长期可持续发展。

二、什么是农业区域品牌

区域品牌概念最早的提出者是西蒙·安霍特（英）,其区域品牌理论在世界多个国家和地区对其区域产业发展尤其是品牌竞争力提升产生了重要影响。在中国依托于全国众多区域优势产业多年的市场摸索和沉淀,以及无数区域品牌雨后春笋般的出现和成长,其区域品牌理论得到国内多位专家、学者、实践机构的广泛引用和发展。

农业区域品牌，顾名思义是农业领域的区域品牌。因区域品牌普遍具有"公共性"特征，所以也称为"农业区域品牌"。一般是指特定区域内的某特色农业产业或农产品，经过长期发展成长而成，具有一定的市场份额、良好的社会声誉和较高品牌影响力的集体品牌。如信阳毛尖、金乡大蒜、宁国山核桃、马家沟芹菜等。它们与区域品牌概念相同，既包含区域特征、自然人文和产业特色的集群属性，又具有差异性、价值感和符号化的品牌特性，并同样具有地域性、公共性、协同性和可持续性的特点。且因其公共性属性，品牌权为区域内政府、机构、企业、个人等相关主体共同拥有，因此名为农业区域品牌。

三、我国有三个国家部门对地理标志进行注册、登记和管理

（一）农业农村部

农业农村部依据《农业法》对标识农产品来源于特定地域，其品质和相关特征主要取决于自然生态环境和历史人文因素，并以地域名称冠名的特有农产品标志定义为农产品地理标志。根据农业农村部《农产品地理标志管理办法》规定，农业农村部负责全国农产品地理标志的登记工作，农业农村部农产品质量安全中心负责农产品地理标志登记的审查和专家评审工作。因农业农村部在国家农业管理、国家涉农政策制定等方面的主导作用，在工作过程中对某地域特定产品的特殊品质、产品地域范围的划定、生产过程的监控更为便利，所以在产品登记、质量管理控和政策指导方面更加有力。

（二）工商总局

工商总局对某种商品或者服务具有监督能力的组织进行认定并授予，用以证明该商品或者服务的原产地、原料、制造方法、质量或者其他特定品质的标志。因为国家工商总局商标局

是根据《中华人民共和国商标法》《中华人民共和国商标法实施条例》的有关规定,通过集体商标或证明商标的形式进行法律注册和管理的,因此具有法律地位对于商标保护的维权更加有力。

(三) 质检总局

质检总局依据知识产权保护的国际标准《与贸易有关的知识产权协议》即"TRIPS"协议(Agreement on Trade-Related Aspects of Intellectual Property Rights) 对地理标志的定义为"是指证明某一产品来源于某一成员国或某一地区或该地区内的某一地点的标志"。它是针对具有鲜明地域特色的名、优、特产品所采取的一项特殊的产品原产地证明、产品质量监控和知识产权保护制度,因此对于国际贸易和产品知识产权保护更加有力。

第四节 农业品牌策略

在传统农业中,农民经营的农产品一般没有品牌,属于无品牌商品,但有一些具有特色的传统产品,往往以其产地作为品牌。农业营销者必须制定有关品牌的决策,这些决策主要包括品牌有无策略、品牌归属策略、品牌命名策略、品牌扩展策略和品牌重新定位策略等决策。

一、品牌有无策略决策

农产品营销者首先要确定生产经营的产品是否应该有品牌。尽管品牌能够给品牌所有者、品牌使用者带来很多好处,但并不是所有的产品都必须一定有品牌。现在仍旧有许多商品不使用品牌,如大多数未经加工的初级原料,像棉花、大豆等;一些消费者习惯不用品牌的商品,如生肉、蔬菜等;临时性或一次性生产的商品等。在实践中,有的营销者为了节约包装、广

告等费用,降低产品价格,吸引低收入购买力,提高市场竞争力,也常采用无品牌策略。如超市里就有无品牌产品,它们多是包装简易且价格便宜的产品。

必须说明的是,农产品无品牌也有对品牌认识不足、缺乏品牌意识等原因。当然,农产品有无品牌不是一成不变的。随着品牌意识的增强,原来未使用品牌的农产品也开始使用品牌,如泰国香米、新奇士橙子、红富士苹果等,品牌的使用也大大提高了企业的利润率。

二、品牌归属策略决策

确定在产品上使用品牌的营销者,还面临如何抉择品牌归属的问题。一般有三种可供选择的策略:其一是企业使用属于自己的品牌,这种品牌叫作企业品牌或生产者品牌;其二是企业将其产品售给中间商,由中间商使用他自己的品牌将产品转卖出去,这种品牌叫作中间商品牌;其三是企业对部分产品使用自己的品牌,而对另一部分产品使用中间商品牌。

一般来讲,在生产者或制造商的市场信誉良好、企业实力较强、产品市场占有率较高的情况下,宜采用生产者品牌;相反,在生产者或制造商资金拮据、市场营销薄弱的情况下,不宜选用生产者品牌,而应以中间商品牌为主,或全部采用中间商品牌。必须指出,若中间商在某目标市场拥有较好的品牌忠诚度及庞大而完善的销售网络,即使生产者或制造商有自营品牌的能力,也应考虑采用中间商品牌。这是在进占海外市场的实践中常用的品牌策略。

营销者必须决定企业不同种类的产品是使用一个品牌,还是各种产品分别使用不同的品牌。决策此问题,通常有四种可供选择的策略。

第七章 农产品品牌化建设

（一）统一品牌策略

统一品牌是指厂商将自己所生产的全部产品都使用一个统一的品牌名称，也称家庭品牌。企业采用统一品牌策略，能够显示企业实力，在消费者心目中塑造企业形象；集中广告费用，降低新产品宣传费用；企业可凭借其品牌已赢得的良好市场信誉，使新产品顺利进入目标市场。然而，不可忽视的是，若某一种产品因某种原因（如质量）出现问题，就可能牵连其他种类产品，从而影响整个企业的信誉。另外，当然，统一品牌策略也存在着易相互混淆、难以区分产品质量档次等令消费者感到不便的问题。

（二）个别品牌策略

个别品牌是指企业对各种不同的产品分别使用不同的品牌。这种品牌策略可以保证企业的整体信誉不会因某一品牌声誉下降而承担较大的风险；便于消费者识别不同质量、档次的商品；同时也有利于企业的新产品向多个目标市场渗透。显然，个别品牌策略的显著缺点是大大增加了营销费用。

（三）分类品牌策略

分类品牌是指企业对所有产品在分类的基础上各类产品使用不同的品牌。如企业可以对自己生产经营的产品分为蔬菜类产品、果品类产品等，并分别赋予其不同的品牌名称及品牌标志。分类品牌可把需求差异显著和产品类别区分开，但当公司要发展一项原来没有的全新的产品线时，现有品牌可能就不适用了，应当发展新品牌。

（四）复合品牌策略

复合品牌是企业对其各种不同的产品分别使用不同的品牌，但需在各种产品的品牌前面冠以企业名称。复合品牌的好处在于，可以使新产品与老产品统一化，进而享受企业的整体信誉，

节省促销费用。与此同时,各种不同的新产品分别使用不同的品牌名称,又可以使不同的新产品彰显各自的特点和相对的独立性。

三、多品牌策略决策

多品牌策略是指企业同时为一种产品设计两种或两种以上互相竞争的品牌的做法。虽然多个品牌会影响原有单一品牌的销量,但多个品牌的销量之和又会超过单一品牌的市场销量,增强企业在这一市场领域的竞争力。

采用多品牌策略的优点如下。

(1) 多种不同的品牌可以在零售商的货架上占用更大的陈列面积,既吸引了消费者更多的注意,同时也增加了零售商对生产企业产品的依赖性。

(2) 提供几种品牌不同的同类产品,可以吸引那些求新好奇的品牌转换者。

(3) 多种品牌可使产品深入多个不同的细分市场,占领更广大的市场。

(4) 有助于企业内部多个产品部门之间的竞争,提高效率,增强总销售额。

采用多品牌策略的主要风险就是使用的品牌数量过多,以致每种品牌产品只有一个较小的市场份额,而且没有一个品牌特别有利可图,这使企业资源分散消耗于众多的品牌,而不能集中到少数几个获利水平较高的品牌上,这是非常不利的局面。解决的办法就是对品牌进行筛选,剔除那些比较疲软的品牌。因此,企业如果采用多品牌策略,则在每推出一个新品牌之前应该考虑:该品牌是否具有新的构想;这种新的构想是否具有说服力;该品牌的出现可能夺走的本企业其他品牌及竞争对手品牌的销售量各有多少;新品的销售额能否补偿产品开发和产

第七章 农产品品牌化建设

品促销的费用等。如果这几方面的估测的结果是得不偿失,则不宜增加这种新品牌。

四、农产品品牌延伸策略

品牌延伸是指企业采用现有成功的品牌产品的品牌,将它应用到新产品经营的全过程。对农产品企业来说,品牌延伸有利于新产品快速地进入市场,能满足消费者不同需求,有利于品牌价值最大化,有利于企业开展多元化业务分散经营风险。

农产品品牌延伸的基本策略有以下几种。

(1) 向上延伸策略。指企业以低档或中档产品进入市场,之后渐次增加中档或高档产品。这种策略有利于产品以较低的价格进入市场,市场阻碍相对较小,对竞争者的打击也较大。一旦占领部分市场,向中、高档产品延伸,可获得较高的销售增长率和边际贡献率,并逐渐提升企业产品的高档次形象。

(2) 向下延伸策略。这种策略与向上延伸策略正好相反,指企业以高档产品进入市场后逐渐增加一些较低档的产品。此策略有利于公司或产品树立高档次的品牌形象,而适时发展中、低档产品,又可以躲避高档产品市场的竞争威胁,填补自身中、低档产品线的空缺,为新竞争者的涉足设置障碍,并以低档、低价吸引更多的消费者,提高的市场占有率。这种策略的优点是有利于占领低端市场,扩大市场占有率;缺点是容易损害核心品牌想象,分散核心品牌的销售量,甚至在核心品牌的消费族群中留下负面印象。

(3) 双向延伸策略。这是指生产中档产品的企业,向高档和低档两个方向延伸。这种策略有利于形成企业的市场领导者地位,而且由中档市场切入,为品牌的未来发展提供了双向的选择余地。这种策略的优点是有助于更大限度地满足不同层次消费者的需求,扩大市场份额;缺点是容易受到来自高低两端

的竞争者的夹击，或者造成企业品牌定位的模糊。

(4) 单一品牌延伸策略。就是指企业在进行品牌延伸时，无论纵向延伸还是横向延伸都采用相同的品牌，品牌名称、商标、标识等品牌要素都不改变。这种做法的好处就是让品牌价值最大化，充分发挥名牌的带动作用，相对节省品牌推广费用，快速占领市场；局限性是有些产品不一定适合这个品牌，致命的缺点就是一旦某一产品出了问题会连累其他产品，损害整个品牌形象，造成一损俱损的后果。

(5) 主副品牌策略。就是以一个主品牌涵盖企业的系列产品，同时给各产品打一个副品牌，以副品牌来突出不同产品的个性形象。利用"成名品牌+专用副品牌"的品牌延伸策略，借助顾客对主品牌的好感、偏好，通过情感迁移，使顾客快速认可和喜欢新产品，达到了"既借原品牌之势，又避免连累原品牌"的效果，可谓左右逢源。但需注意的是，副品牌只是主品牌的有效补充，副品牌仅仅处于从属地位，副品牌的宣传必须要依附于主品牌，而不能超越主品牌。

(6) 亲族品牌延伸。所谓亲族品牌策略，是指企业经营的各项产品市场占有率虽然相对较稳定，但是产品品类差别较大或是跨行业时，原有品牌定位及属性不宜作延伸时，企业往往把经营的产品按类别、属性分为几个大的类别，然后冠之以几个统一的品牌。

亲族品牌策略的优势是避免了产品线过宽使用统一品牌而带来的品牌属性及概念的模糊，且避免了一品一牌策略带来的品牌过多，营销及传播费用无法整合的缺点。亲族品牌策略无明显的劣势，但是相对统一品牌策略而言，如果目标市场利润低，企业营销成本又高的话，亲族品牌策略略显营销传播费用分散，无法起到整合的效果。因此，如果企业要实施亲族品牌策略，应考虑行业差别较大、现有品牌不宜延伸的领域。

第五节 品牌定位

一、定位四步法

定位的基本方法,不是去创造某种新的、不同的事物,而是去操控心理中已存在的认知,去重组已存在的关联认知。

第一步,分析整个外部环境,确定我们的竞争对手是谁?竞争对手的价值是什么?

第二步,避开竞争对手在顾客心理中的强势,或是利用其强势中蕴含的弱点,确立品牌的优势位置——定位。

第三步,为这一定位寻求一个可靠的证明——信任状。

第四步,将这一定位整合进企业内部运营的方方面面,特别是传播上要有足够多的资源,以将这一定位植入顾客的心智。

二、如何开始一个定位项目

第一步,你拥有怎样的定位?定位需要逆向思维,定位需要从潜在顾客开始,而不是从自己开始,不要问自己是什么,要问自己在潜在顾客心理中是什么?

第二步,你想拥有怎样的定位?有时人们想要的太多,想占据的定位太宽泛,这样的定位很难在心理中建立。他们试图吸引所有人,结果什么人也没有吸引到。

第三步,谁是你必须超越的?不要对市场领导者进行正面攻击,绕过障碍要比穿过它好得多,最好是选择一个别人没有完全占据的定位。要从自己的角度考虑自己的处境,更要从竞争对手的角度考虑自己的处境。

第四步,你有足够的钱吗?成功定位的一大障碍是想实现不可能的目标。抢占人们的心理,需要金钱支持,建立定位同

样需要金钱支持，保住已建立的定位，同样需要金钱支持。

第五步，你能坚持到底吗？可以将我们过度传播的社会看作充满变化且持续不断的考验，新概念层出不穷，令人应接不暇。要应对变化，有长远的眼光很重要。要选择基本的定位并坚持下去。定位需要积累，需要年复一年的支持。

第六步，你符合自己的定位吗？有创意的人往往不接受定位思想，因为他们觉得这限制了他们的创造性。实际上，创意本身一文不值，只有为定位目标服务的创意才有意义。

第六节 品牌形象

一、高端品牌的形成

（一）高端品牌的价值基因

包括原产地价值基因、软文化价值基因、高标准价值基因、安全健康价值基因、独特工艺价值基因。

（二）高端品牌的气质形象

高端之所以为高端，内在于品质档次，外在于品位形象，一以贯之。高端品牌的打造，必须要内外兼修，就像一个人，有修养和内涵，还要有令人喜欢的气质和恰当体现身份的服饰。消费者是从外而内了解品牌的，因此，高端形象的打造极为重要，正所谓入眼才能入心。要研究消费者品牌内涵、消费者价值取向，同时兼顾形象所传达出来的档次和规范。一要彰显独特的品牌调性；二要打造专属的视觉符号；三要推广高端形象。

高端品牌在渠道和终端上有三大基本原则必须遵守：一要创建适量高端渠道，确立高端形象；二要适时分步开拓大众渠

第七章 农产品品牌化建设

道,扩大销量;三要促销有度,包装有样,体验为上。

二、农业品牌联盟

品牌联盟能够充分发挥自身的独特作用,建立分工协作的农业品牌工作新格局,创建开放协同的农业品牌组织新机制,形成各领域全覆盖的农业品牌创新体系,为我国农业品牌向中高端迈进贡献力量。

(1) 充分发挥联盟的纽带作用,着力探索合作机制。要推动联盟高效运转,不断密切各方联系,整合各类创新资源,努力把全社会的积极性调动起来、力量整合起来、潜能发挥出来,为农业品牌创新提供良好的环境和优质的服务。坚持市场为导向,企业为主体,按照平等自愿、优势互补、协商一致的原则,鼓励和支持探索品牌农产品产销联合体,推动各方力量由个体自发合作向有组织合作转变,由单项合作、短期合作向长期战略合作转变,助推做大做强农业品牌。

(2) 充分发挥联盟的平台作用,着力提升创新水平。要紧紧围绕联盟宗旨,把握农业品牌发展规律和需求,积极开展社会化服务,加强农业品牌基础研究,持续推动技术、产品、商业模式创新,努力形成一批新理论成果,打造一批创新型企业,推出一批具有竞争力的新品牌,不断提高我国农业品牌数量和质量,提升创新能力和水平,为推动品牌强农提供持续动力。

(3) 注重打造联盟自身这个品牌,着力扩大联盟影响。联盟自身也要打造品牌、擦亮品牌,成为农业品牌的金字招牌。这就需要联盟增强活跃度,拓展参与度,提高受益度,增大贡献度,通过高质量的活动和服务来引导、组织、服务成员,不断扩大影响,吸引更多有志向有意愿的组织参与,动员更多的社会力量支持。

品牌凝聚共识,品牌引领希望。让我们携起手来,大力实

施品牌强农战略,弘扬企业家精神,大胆探索、务实创新,为实现"推动中国制造向中国创造转变、中国速度向中国质量转变、中国产品向中国品牌转变"贡献我们的智慧和力量。

三、农产品包装设计的原则

"人要衣装,佛要金装",商品要包装。重视包装设计是企业市场营销活动适应竞争需要的理性选择。一般说来,包装设计还应遵循以下几个基本原则。

(1) 安全。安全是产品包装核心的作用之一,也是基本的设计原则之一。在包装活动过程中,包装材料的选择及包装物的制作必须适合产品的物理、化学、生物性能,以保证产品不损坏、不变质、不变形、不渗漏等。

(2) 便于运输、保管、陈列、携带和使用。在保证产品安全的前提下,应尽可能缩小包装体积,以利于节省包装材料和运输、储存费用。销售包装的造型要注意货架陈列的要求。此外,包装的大小、轻重要适当,便于携带和使用。

(3) 美观大方,突出特色。包装具有促销作用,主要是因为销售包装具有美感、创意。富有个性、新颖别致的包装更易满足消费者的某种心理要求。

(4) 包装与商品价值和质量水平相匹配。包装作为商品的包扎物,尽管有促销作用,但也不可能成为商品价值的主要部分。因此,包装应有一个定位。一般说来,包装应与所包装的商品的价值和质量水平相匹配。

(5) 尊重消费者的宗教信仰和风俗习惯。由于社会文化环境直接影响着消费者对包装的认可程度,所以,为使包装收到促销效果,在包装设计中,应该深入了解消费者特性,区别不同国家或地区的宗教信仰和风俗习惯设计不同的包装,以适应目标市场的要求。切忌出现有损消费者宗教情感、容易引起消

费者忌讳的颜色、图案和文字。

（6）符合法律规定，兼顾社会利益。包装设计作为企业市场营销活动的重要环节，在实践中必须严格依法行事。例如，应按法律规定在包装上注明企业名称及地址；对食品、化妆品等与人民身体健康密切相关的产品，应表明生产日期和保质期等。

（7）绿色环保。包装设计还应兼顾社会利益，坚决避免用有害材料做包装，注意尽量减少包装材料的浪费，节约社会资源，严格控制废弃包装物对环境的污染，实施绿色包装战略。

此外，包装还要与产品价格、渠道、广告促销等其他营销要素相配合，并满足不同运输商、不同分销商的特殊要求。

第七节　品牌推广

一、品牌接触点管理的四个关键

品牌接触点，是指顾客有机会面对一个品牌讯息的情境，是顾客接受品牌讯息的来源。

品牌接触点管理的四个关键，包括关键对象、关键人员、关键环节和关键事件。

（1）关键对象，如意见领袖、价值客户和权威人物等。企业需要梳理它们对于企业的寄语和评价，有意识地进行见证式传播。

（2）关键人物，如商务人员、客服人员、项目经理等。他们与客户接触最直接、最频繁，是客户体验形成的重要来源。其管理重点在于规范言行，落实奖惩，常抓不懈。

（3）关键环节，这也是客户体验形成的重要来源。客户往往从关键环节判断和感知品牌，因此这些环节必须品牌化。

(4) 关键事件，大多是直接影响客户体验的重要时刻。企业需要按照品牌要求，周密规划，形成流程和标准程序，以保障每次都能给客户留下深刻独特的品牌印象与记忆。

通过这些关键，企业可以在对外联络中传播统一的品牌形象，进一步提升品牌支撑力，增强品牌价值输出，强化品牌印象。

二、产生创意的4个方法

组织心理学家、沃顿商学院教授亚当·格兰特在"职场生活"节目中分享了产生创意的4个方法。

第一，头脑风暴不一定能够增加创意，人们独处时更容易有新的想法。很多公司都会用头脑风暴鼓励员工积极发言。参与会议的人越多，好想法出现的机会就越少。这是因为会议中人们无法同时表达意见，而且时间也有限，比较安静或内向的人容易被忽略，也许很多好的想法就被错过了。另外，人们在会议中提出的意见，大部分都比较保守，因为谁都不喜欢被人当成傻瓜或疯子。但那些出人意料的好想法都是比较另类的，因此，它们不容易在会议中被提出。而且，人们一般都会选择支持老板提出的想法，不管它是不是最好的，于是人们经常花很多时间讨论老板的想法，而不是提出不同的意见。

第二，即兴的讨论能让人更加投入，但不要不停打断别人的发言。在讨论想法时非常即兴，不需要事先彩排与规划。这是因为当我们知道别人正在回应自己的想法时，我们就愿意为这个讨论贡献更多即兴不代表就能不停地打断别人的发言，要确保即兴的发言会鼓励更多的讨论，而不是抹杀还未萌芽的想法。

第三，领导者要提供一个安全的讨论环境，并要及时称赞好的想法。即兴的讨论可以产生很多新想法，过程中，给参与

者建立了一个安全的讨论环境,所以每个人都能够大胆地提出自己的意见。很多领导者会跟团队分享自己的弱点和失败经验,以此建立安全的讨论环境。

第四,不同文化背景能碰撞出更好的创意。创意的产生需要不同的文化、知识、性格的碰撞。为了确保制作团队中的差异性,可刻意对团队隐瞒参与者的个人信息,只看他们写的内容。创立团队时,要刻意地加入来自不同文化、性格的人,这样才能在互相碰撞中产生独特的创意。

三、事件营销活动

一场成功的事件营销活动的背后,除了有一支坚强的执行团队之外,事先做好活动的企划案撰写并予以演练之,更是必要。

事件营销活动企划案撰写事项,至少包括:活动名称、活动目的、活动时间、活动地点、活动对象、活动内容、活动设计、活动节目流程、活动主持人、活动现场布置示意图、活动来宾、活动宣传、活动主办协办和赞助单位、活动预算概估、活动小组分工组织表、活动专属网站、活动时程表、活动备案计划、活动保全计划、活动交通计划、活动制作物或吉祥物展示、活动录音照相、活动效益分析、活动整体架构图、活动后检讨报告、其他注意事项。

事件活动宫销成功七要点。

(1) 要吸引人。活动内容及设计本身有趣好玩有意义。
(2) 赠品或抽奖。免费赠品或抽大奖活动。
(3) 适度宣传。适度的媒体宣传及报道。
(4) 适当的地点。活动地点的合适性及交通便利性。
(5) 适合的主持人。主持人主持功力高、亲和力强。
(6) 事先演练。大型活动事先要先彩排演练一次或两次。

(7) 户外活动应注意季节性。例如，避免阴雨天。

四、社交电商

社交电商是电子商务的一种衍生模式，是基于人际关系网络，借助社交媒介（微博、微信等）传播途径，以通过社交互动、用户自生内容等手段来辅助商品的购买，同时将关注、分享、互动等社交化的元素应用于交易过程之中，是电子商务和社交媒体的融合，以信任为中心的社交型交易模式，是新型电子商务重要表现形式之一。

作为农业品牌的新零售策略：转变意识，升级供应商为服务商。

(1) 提供差异化、有溢价的产品。

(2) 稳定的供应链服务。

(3) 个性化的营销支持。"零售终端就是最大的传播媒体"。

(4) 量价互补的渠道组合。

小程序的兴起，弥补了微信公众号的不足，还有微博的变异——抖音、头条等，实质上都是增强了社群互动功能。

- 抓住行业机遇，胜过百倍努力聚焦优势资源，抢占老大宝座

从资源方面来说，只有聚焦资源，才能提炼品牌内涵，才能找到品牌传播推广的根基和依据。针对农业品牌创建的可供资源，包括地域资源、文化资源和产品资源，其中地域资源是实现农业品牌打造的基础，文化资源是实现品牌打造最具生命力的源泉，产品资源是实现品牌定位与创建的直接载体。

- 见得了市长，做得了市场

企业的发展终究要靠内生的动力，市场营销和品牌建设，应该是企业的核心工作。农业产业化企业必须打破心智屏障，重建市场边界，引入先进的品牌营销手段；要学会包装产品，

第七章 农产品品牌化建设

让"土产"不再"土气",再要学会宣传产品,做大市场,让特产走出区域、走向全国、走向世界;要学会整合资源,将分散的农户整合起来,内外借力把规模做大;要学会做价值,让产品升值,让产品走向高端,卖得贵,卖得多,卖得久!

- 人才第一,设备第二

善于整合资源和借势借力,是优秀企业的基因。如果事事亲力亲为,物物购齐到位,市场机会也许早没有了。品牌大业,没有人才和队伍,一切都是空中楼阁。

- 产品激活品牌,构建战略产品

产品是品牌的核心,同时是品牌的载体。产品不是越多越好,正确的做法是首先要聚焦、聚焦、再聚焦,通过明星产品收获利润,塑造品牌,之后逐步扩张。激活产品品牌,可以采取的措施:适应需求,满足需求,创新需求,实现需求,重复需求。回归产品,重视产品,专注产品,是实现差异化、创建品牌、赢得竞争,是企业持续盈利的根本途径。

- 抢占公共资源,披上文化"袈裟"

农产品看起来土,但是做起品牌来最讲究文化,用文化塑造提升品牌。中国的饮食承载着文化,文化影响着饮食。吃,因历史传统、因工艺传承、因人文故事、因雅趣品位而意境高升,源远流长,回味无穷。

- 速度比完美重要

行动,就有可能,发展中的问题要在发展中才能解决,或者说速度逻辑要建立的是一种实用主义机理:一个差的结果也比没有结果强,先占据,后完善。

- 跨界整合创新,跨界就会有奇迹

跨界整合与创新有两大类型,一是不同行业间的互动、借鉴与合作,二是将不同行业间的营销要素的整合进来,为我所用,改良产品或者其他营销要素的 DNA,使之产生变异,创造

出 1+1>2 的几何倍增效应,从而产生巨大的营销能量。品牌农业落地的跨界整合与创新,创造出三个方面的无边界:资源和要素无边界、模式和业态无边界、功能和作用无边界。

五、品牌代言人行销操作

代言人行销已成为当今行销活动与行销策略中重要一环。代言人行销若操作成功,常会使该品牌知名度提升不少,业绩也会上升不少。

(1)代言人行销的目的与功能。短时间内打造出品牌知名度与形象度,长时间培养出品牌忠诚度,希望有助整体业绩提升。

(2)适合代言人的产品类别。似乎没有什么特别限制。包括啤酒产品、化妆品、保养品、预售屋、名牌精品、卫浴设备、家电产品、信用卡、银行业、运动器材、服饰业、资讯电脑、手机、食品、饮料、健康食品、药品、航空等。

(3)代言人的类型。被邀聘为产品或品牌代言人,其工作类型主要有:歌手、艺人(演员、主持人、明星)、运动明星、专业人士(医生、律师、作家等)、意见领袖、名模、政治人物七种。

六、社交媒体时代品牌营销趋势

传播者:新农人不断增加,并成为社交媒体场的主流。

传播内容:由单一说一个产品到展现一个过程,表述一段故事,倡导一个健康生活方式转变。

传播形式:短视频、直播的表现更直观、更有趣、更受消费者青睐。

通过品牌服务模式输出和优质产品引进,拓展品牌产业链,延伸品牌服务。

活动传播让品牌动起来。

策划主题活动，阐释内涵，让品牌生动起来。

深挖植入活动，展示形象，让品牌流动起来（商标植入、实物植入、卡通植入、赠品植入、功能植入）。

创新媒介活动，打造矩阵，让品牌轰动起来。

第八节　品牌管理

一、品类优化管理

门店必须对所经营的产品做出选择和安排，以满足消费者不断变化的需求、通过商品组合和优化品类以满足消费者需求为核心载体，实现商品竞争力最大化。

（1）根据销售数据分析单个品类销售占比以及同比和环比的销售情况，再加上综合的市场发展需求等客观因素，将销售排在前端的品类、增长比较高的商品品类进行扩大陈列面的调整。反之，在确保商品结构的基础上适当减少其陈列面积。

（2）根据商圈需求和发展不断开拓高端品种，既可以满足部分高端消费客群的需求，也可以对其他中端消费者起到一定引导消费的作用，促进门店客单价的提高。

（3）通过销售数据分析做好滞销品的清退工作，做好货架商品陈列管理，进一步优化商品的组合陈列和货架资源得到最大化的产出比，进而达到货架所摆放的产品就是消费者所喜欢的产品组合，提升销售提高顾客对门店的满意度。

（4）门店根据面积和商圈建立合理的SKU品项数。根据顾客需求引进相应的品项以及注重品牌效应。在保证结构性商品的基础上建立合理的品项数，确保门店的商品始终在合理良好的状态下运行。

二、农业品牌建设3个关键点

品牌建设涉及很多内容,现在最突出的可能还是三个方面:第一,产品好;第二,规模大;第三,管理严。

1. 产品好是基础

没有好产品绝对不会有好品牌,这已经是常识了。好产品作为一个品牌来说,除了品质好、安全之外,可能要把营养以及服务加上去。还有文化生态的也在里面,对于一个品牌来说。这是一个基础,怎么样把产品做好呢?主要是我们每一个企业的事情,一定要把产品做好,品种要好,生产环境要好,还有其他的一些技术问题等。

2. 规模大非常重要

要做到好的品牌,规模小是做不到的,所以做到规模大品牌才能叫得响。有两个方面做大,一是企业做大,二是区域做大。一个企业,尤其是对于农产品来说,区域品牌非常重要,因为农产品跟工业产品不同,所以对农产品来说,农业区域的品牌对做大非常重要。

3. 管理要严

一是企业内部管理要严;二是市场和服务体系要严;三是政府监管要严格到位。

三、优质农产品品牌建设6个环节

优质农产品想要打造自己的品牌,至少要做好六件事情。

(1)信息。市场供求的信息,市场需求变化的信息,以及他们在市场上营销的情况,同时还要了解这个农产品内在的科技从品种的培育到技术的更新有什么新的变化。

(2)技术。科技含量高不仅表现在品种的培育和栽培养殖

技术的更新和创新,其实还有一系列很重要的内容。在品牌建设的过程当中,要因地制宜,强扭的瓜不甜,不能看着人家卖得好,自己就盲目地去模仿,去照搬,一定要根据自己的农业资源特色,根据当地的社会文化状况去培育和发展品牌。

(3) 监管。很重要的是质量安全监管。在质量安全的监控过程当中,不仅是关于投入的安全、怎么样科学地施肥用药,很重要的还有农产品能不能在这个地方生产出来,这关系自身生产环境当中的土壤、水、空气等,这些都应当将其纳入里面,才能够培育出好的农产品,才能够持续地不断发展下去。

(4) 加工。中国的农产品加工业的发展进程非常快,但是跟世界先进国家相比,还有比较大的差距。把农产品的加工做好,延长产业链。增加价值链让人们消费到质量更高的农产品,这是加工业非常重要的须考虑的东西。

(5) 储运。如果大范围内储运,需要解决一系列的技术、设备以及理念。

(6) 营销。最后能不能实现价值在营销环节,营销有它自己的特点,能否做好农产品的营销,不仅是销售商要做的事情,而且涉及系列环节,所以非常重要。

第九节　提升农产品品牌意识及知名度

一、农产品的品牌意识

(一) 理解和欣赏自己的品牌

一方面,作为品牌的持有和培育者,对自己所生产农产品的品质优势、品牌所传递的信息等,必须有十分清楚的认知。这其中包括品质特征、适宜人群、食用方法、延伸服务等一系列有助于体现此农产品与彼农产品差异化的东西,也包括品牌符号、形象乃至质量安全追溯信息及内涵。这是培育和张扬品牌的基础，也是锁定和扩大目标细分市场的前提。不仅要知其然，而且要知其所以然。要想感动别人（客户），必须首先认识自己（产品及服务）、感动自己。另一方面，对于现有客户和潜在客户的选择决策行为必须有十分清楚的认知。对这类农产品，客户最关心什么问题，最担心什么问题；最在意哪些产品特性，对哪些并不看重；除了产品自身外，还希望提供哪些服务；喜欢什么样的营销方式，讨厌哪些营销行为；会考虑哪些品牌，最终为什么选择或放弃了你的品牌……对这些情况都应该眼观耳听心思，说到底是要读懂客户。否则，即便一段时期自己的农产品热销，也难以逃脱"知其爱不知其所以爱"境地，"糊涂的爱"自然难以持久。

（二）跟踪客户满意度和忠诚度

在消费者对食品安全高度敏感的今天，品牌已经成为农产品质量安全与消费者信心保障的一个契合点。任何一个相关社会热点话题或事件都可能成就一个农产品品牌，从而帮助农业生产经营主体迅速扩大市场占有率，提升品牌影响力；也可能在一夜之间摧毁一个知名品牌，置农业企业于死地。因此，可以说，农业生产经营主体发展到一定水平后，尤其是那些农业产业化龙头企业，品牌战略往往就是企业发展战略的核心。所以，管理者必须像重视农业企业内部管理一样，高度重视外部客户关系的管理，及时捕捉客户对自己的品牌产品及服务满意度与忠诚度的动态变化，建立准确的分析评估机制。在此基础上，建立与企业内部经营管理的联动机制，听到赞扬就坚守，听到批评与期许就改进，恰如其分地改进产品质量、规格、包装、服务、分销等一系列客户所希望改进的方面，肯于"为悦己者容"，才能增强客户黏性和吸引力，从而立于不败之地。

（三）品牌培育与短期经营业绩挂钩

从严格意义上讲，品牌是企业的无形资产，它贯穿在整个生产经营过程中，与企业的长期发展与成功密切相关，但往往又不能以短期市场份额和企业利润来简单衡量。也正因为如此，不少农业企业负责人对品牌培育缺乏耐心，今天为培育品牌增加了预算，明天就想获得超额回报。所以，农产品品牌培育中急功近利的做法并不少见，有的甚至把品牌建设与年度、季度甚至月度经营业绩直接挂钩，总想取得立竿见影的效果，结果导致半途而废甚至"自寻短见"的例子可不少。有关研究表明，品牌建设要有个培育期，对企业利润的"正能量"有个滞后期。而农产品由于更接近完全竞争市场，加之自然再生产与经济再生产相互交织的特点，在培育品牌过程中则需要更多的付出与耐心。也可以说品牌建设是农业企业长期发展的一份大额保单，而非随用随取的"小金库"。

还有，是否会评估营销活动对品牌的影响。由于农业生产周期长，占用资金多，目前我国面向"三农"的金融服务能力和水平有限，农业企业运营融资困难的情况较为普遍。所以，农业企业产品库存对运营产生直接压力，降价促销是经常采取的办法，而"甩卖"的过程往往会忽视对品牌的负面影响。例如，以中高收入群体为目标客户的品牌农产品，如果经常大范围降价促销，甚至走入低端大卖场，会让老客户和潜在客户产生怎样的感受和联想，这种做法对长期品牌培育有益吗？一个成熟的企业在制订营销方案时，就必须充分评估对品牌可能产生的影响。

当然，衡量一个企业是否重视品牌的标准肯定不只这些。即使用以上几个办法来评价，不少农业企业都有可能得出让人紧张的结论！但是，要发展壮大现代农业企业，要发挥新型农业生产经营主体在现代农业建设中的积极作用，难道不需要这

些吗？显然不是。

二、实施农产品生产标准化

质量是农产品的生命线，是农产品创品牌的根本。在创建农产品品牌过程中，按标准组织生产管理，是提高农产品质量，保证农产品安全最有效的措施和手段，是打造农产品品牌的基石。

三、形成规模效益

在生产方面，加入农民生产协会、专业性生产合作组织，内部实行不同程度的企业化管理与经营，以特色农业为龙头，走规模化道路。

四、重视科技创新

科技是提高农产品质量的关键措施。先进的技术确保了品牌产品在质量上与功能上的先进性，从而使品牌更易被市场接受。在国际市场上各国的农产品竞争实质上是农业科技的竞争，谁的农业科技水平领先谁的农产品就会获得领先权，就具有市场竞争力。在农产品的生产过程中，必须重视科技创新，依靠技术进步，加强新品种引进培育，提高自己的产品开发能力，以新产品、特色产品、精深加工产品保持品牌的生机和活力。应广泛运用生物工程技术、现代先进种养技术、加工技术和信息技术等，发展科技含量和附加值高的品牌农产品，提高农业综合效益。

五、运用文化营销

文化营销就是在农产品品牌中注入文化内涵，从而使产品区别于竞争对手的产品，提高其品牌价值。文化营销模式可以

根据农业产业资源特点与消费者需求趋势，依托当地产品历史悠久、源远流长的文化底蕴，在农产品品牌的设计和培育中，强化浓厚的人文、风土气息，塑造农产品品牌的个性特色，丰富品牌的文化内涵，提升品牌价值。

六、建立绿色品牌形象

随着消费者对绿色产品认识的提高以及健康消费观念的增强，绿色品牌农产品以鲜明的形象和安全的品质越来越受到国内外市场的欢迎。通过创建和宣传绿色品牌，更快捷地向消费者传递绿色产品的质量和特色信息，使消费者感到物有所值，降低其对绿色农产品价格的敏感度，进而接受绿色产品并积极、重复地购买，增强优质绿色产品的市场竞争力。

七、注重品牌整合传播

创建农产品品牌，还要增加对品牌产品的宣传投入，塑造品牌形象，打响知名品牌。要善于利用媒体广告以及博览会、招商会、网络营销、专题报道、展销会和公共关系等多种促销手段，进行品牌的整合宣传，提高公众对品牌形象的认知度和美誉度，做大做强农业品牌。要重视现代物流新业态，广泛运用现代配送体系、电子商务等方式，开展网上展示和网上洽谈，增强信息沟通，搞好产需对接，以品牌的有效运作不断提升品牌价值，扩大知名度。

主要参考文献

刘长英，张军贤. 2018. 农产品质量安全监管手册 [M]. 郑州：中原农民出版社.

欧阳喜辉. 2019. 农产品质量安全检测基础知识 [M]. 北京：中国农业出版社.

彭玉魁，赵柳. 2018. 农产品质量安全检测机构管理指南 [M]. 杨凌：西北农林科技大学出版社.